编委会

大学生生态文明教育

莫新春　文　俊　蔡金荣　王　静　主　编

·昆明·

图书在版编目（CIP）数据

大学生生态文明教育 / 莫新春等主编
-- 昆明：云南大学出版社, 2024
ISBN 978-7-5482-4808-8

Ⅰ. ①大… Ⅱ. ①莫… Ⅲ. ①生态文明－高等学校－教材 Ⅳ. ①X24

中国国家版本馆CIP数据核字(2024)第028676号

大学生生态文明教育

DAXUESHENG SHENGTAIWENMING JIAOYU

莫新春　文　俊　蔡金荣　王　静　主　编

策划编辑：段　然
责任编辑：严永欢
装帧设计：王云飚
出版发行：云南大学出版社
印装：昆明美林彩印包装有限公司
开本：787mm × 1092mm　1/16
印张：13.5
字数：275千字
版次：2024年8月第1版
印次：2024年8月第1次印刷
书号：ISBN 978-7-5482-4808-8
定价：46.00元

社址：昆明市一二一大街182号（云南大学东陆校区英华园内）
邮编：650091
电话：（0871）65033244 65031071
网址：http://www.ynup.com
Email:market@ynup.com

本书若有印装质量问题，请与印厂联系调换，联系电话：0871-64611721

序　言

——生态文明之路，要踏实而坚定的走下去

有一个著名的科学问题，叫“复活节岛之谜”。南太平洋有一个人迹罕至的岛屿，岛上有几百个大石像坐落在海滩上。1722 年 4 月 5 日（复活节），荷兰探险家在大海上航行时偶然发现了这个岛屿，将其称为“复活节岛”。这些石头是怎么出现在岛上的？如此巨大的石像又是如何雕刻成的？为何要雕刻？这引起了后续几百年的全球范围内的争论，甚至不少人认为是外星人从天外带来的。

随着近现代考古、科学研究的不断深入，“复活节岛之谜”也在逐渐揭开。这个位于南美洲以西 3000 多千米的岛屿，在历史上曾经是欣欣向荣的地方，与今天的贫瘠干旱完全不一样。那个岛过去生活着拉帕努伊人，曾以“果实累累，盛产香蕉、土豆和甜度惊人的甘蔗”。科学家们估计，在历史上拉帕努伊岛居住的文明高峰期，有 15000—20000 的人口规模。这座岛上，曾经有茂密的棕榈树，而后来只剩下这些巨石像，静静地守卫着。

生态兴则文明兴，生态衰则文明衰。在过去，“复活节岛”生物多样性丰富，有大量的树和草，人口规模增长到了一两万人。随着这座岛从原始文明进入到农业文明，也就进入到了“折腾的文明”。人们开始追求精神生活，制作大石像，以表达艺术和信仰。据测算，一个石像需要 5—6 个人花费大约一年的时间来完成，并且还需要耗费大量的自然资源。于是，岛上的居民们开始大量采石、大规模砍伐森林，导致在新的树木生长出来之前土地就开始沙化，树木再也无法生长，各种动植物都灭绝了，人类赖以生存的自然环境逐渐消失了。与此同时，岛上剩下的人为了争夺稀缺资源又引发内战……最后，原来那个“复活节岛”上的人也就随之灭绝了。

这个岛屿历经了文明兴衰，是一个因过度开发自身资源而导致自我毁灭的经典案例。因此，在今日的语境中，“复活节岛之谜”也被引申、比喻为因生态环境破坏而带来的文明衰落甚至灭亡的现象。

我用这个故事，来拉开《大学生生态文明教育》的帷幕。

因工作和科研需要，我曾多次前往丽江。2021 年 11 月，由新华网主办、中国生物多

样性保护与绿色发展基金会联合主办的“大江大河征途”活动，从位于长江源头的民族学校、中上游的脱贫典型——得马村小学，到能歌善舞的丽江师范学院，我与师生们结下了不解之缘。在推动丽江师范学院生物多样性科普基地的建设中，我与校方也多次谈及当前我国生态文明教育中存在的一些问题和不足，以及进行大学生生态文明教育的重要意义。这既获得了学校领导及有关部门积极支持，也为本书的立项、编撰和出版提供了契机。

历时数月，中国生物多样性保护与绿色发展基金会、丽江师范学院共同完成本书。对于何为生态文明？为什么要建设生态文明？如何建设生态文明？对大学生而言，生态文明意味着什么？编写组专家对这些问题进行了翔实的分析与解读，将生态文明的理念、内涵与外延，用丰富生动的案例通俗易懂、融会贯通地呈现出来，旨在让青年人能够从思想上、行动上。以新的文明为起点，共同推动新的转变。我们也希望通过本书，为青年学子搭建可以深度探索新时代生态文明发展脉络的基石，让年轻的一代能够以生态文明的视角，观察与思考全国乃至全球未来发展的趋势，进而结合自身规划学习与成长之路。

马克思主义是人类文明的历史必然，是过去50年或者100年自然科学和社会科学的总成。哲学作为一种世界观与方法论，在马克思、恩格斯所处时代—工业文明时代，具有积极的指导意义。但随着时代的发展，哲学理念也需要不断的进步，方能与时代相契合。我们今天所处的时代背景，在过去几十年相较于工业文明时期，已经发生了巨大的、根本的变化，正处于一个全新的文明时代，也需要新的世界观与方法论来指引社会发展。习近平生态文明思想应运而生，是对马克思主义哲学的丰富与延展。

与以往人类在地球上所经历的其他文明相比，生态文明到底有什么不同？我想可以从生物多样性的角度来回答。人类所栖息的地球，迄今已有45亿年的沧桑历史，总共经历了五次生物大灭绝。第一次大灭绝，发生在奥陶纪，大约有85%的物种绝灭；第二次大灭绝，发生在3.65亿年前的泥盆纪晚期，海洋生物因此遭受了灭顶之灾；第三次大灭绝，发生在2.5亿年前的二叠纪末期，当时超过96%的地球生物都灭绝了；第四次大灭绝，发生在2亿年前的三叠纪晚期，爬行类动物遭遇重创；第五次大灭绝，发生在6500万年前的白垩纪末期，人们所熟知的恐龙在在这期间彻底灭亡，今天我们只能通过化石来推测它们的存在和往昔风光。生物多样性是生态文明的根本，生态文明源于生物多样性，也止于生物多样性——如果生物多样性危机解除，那么人类也将进入到另一个更高层次的文明时代——这也是生态文明时代相较于以往人类文明最大的不同。同样，这也是我们建设好生态文明需要应对的最大挑战。

文明总是不断向前的。过去的工业文明大发展建立在大量开发和使用化石能源基础上。消费不断升级、产品快速更新迭代，大量商品因为不是最新款和潮流款而被丢弃，每个人都被裹挟其中为这些潮流买单——不仅是产品价钱，还包括自然生态资源代价。虽然工业文明为人类创造了财富，发展了经济，对我们的生活有很多伟大的贡献，但是今天，我们再把它作为发展模式，已经不合时宜。工业文明发展至今，已经到了根本变革的时期，我们必须重新审视我们以往的一些做法、观念，审视包括文化、教育、道德、生活习惯等在内在的关于一个时代文明所涵盖的所有细节，并做出改变。

两年前，我写建议给联合国《生物多样性公约》（以下简称 CBD）秘书处，将“生态文明”作为该公约第十五次缔约方大会（以下简称 COP15）的主题。CBD 采纳了我的建议，在 COP15 上使用生态文明的主题，能够让更多人意识到生物多样性的重大意义，推动更广泛的意识形态转变。只有观念的不断改变和更新，才能更好的拥抱生态文明。

2021 年 6 月，云南大象北迁引起了全球的关注。这次大象的北迁运动不属于典型迁徙范畴，而是一个偶发事件。当地采取了积极的应对措施和科学引导，但我们仍需要深入思考工业文明对物种栖息地影响，以及如何做好人类生产活动与野生动物保护的平衡，也就是如何做好邻里生物多样性保护。

人与自然应和谐共生，绿水青山就是金山银山。良好生态环境既是自然财富，也是经济财富，关系经济社会发展潜力和后劲。而保护生态文明的接力棒，终将交到年轻一代的手中。

毛泽东曾这样勉励青年学子：“世界是你们的，也是我们的，但是归根结底是你们的。你们年轻人朝气蓬勃，正在兴旺时期，好像早晨八九点钟的太阳。”年轻一代的学识与担当，是国家发展的希望，也是时代进步的希望。百年沧桑岁月，无论世界如何风云变幻，这种“超时空”的永恒精神，激励着无数中国青年在民族复兴的道路上用汗水、智慧和热血镌刻下属于青春的刻度，谱写出一首首壮美的青春之歌。

愿以此序，为新时代青年的学习成长，铺路奠基。

周晋峰

2024 年 8 月

前　言

生态文明建设是关系中华民族永续发展的根本大计，是关系党的使命宗旨的重大政治问题，是关系民生福祉的重大社会问题。在全面建设社会主义现代化国家新征程上，要保持加强生态文明建设的战略定力，注重同步推进高质量发展和高水平保护，以“双碳”工作为引领，推动能耗双控逐步转向碳排放双控，持续推进生产方式和生活方式绿色低碳转型，加快推进人与自然和谐共生的现代化，全面推进美丽中国建设。丽江师范学院地处中国生物多样性十大关键热点地区之一的滇西北区域，在云南省争做生态文明建设排头兵的建设过程，践行省委省政府关于丽江生态文明建设的定位——筑牢长江上游重要生态安全屏障的这一光荣使命，且作为绿水青山就是金山银山理念的积极传播者和模范践行者，积极承担起习近平生态文明思想的传播使命，组织编写大学生生态文明教育教材，开展大学生生态文明教育，推动习近平态文明思想在大学生群体中广泛传播和教育。

新时代的大学生群体，是社会主义事业的建设者和接班人，如何让他们在新时代接受良好的知识体系训练的同时，继承和发扬生态文明思想，树立良好生态文明观，已成为了当今高校德育的重点。要加强大学生生态文明教育，使他们树立生态道德观，学习生态文明理念与方法，传承和传播生态文明思想。新时代的大学生群体应担负起时代赋予的保护生态环境的责任，为后代保留足够的资源，增强生态、资源和环境等方面的基本意识，从而做到理智而友善地对待生态环境，尊重自然界的生存权和发展权，谋求人类和自然界在动态平衡中的协调发展，切实担起成为中国现代化建设的重任，为实现美丽中国而努力奋斗。

本书由七章组成，前面六章系统介绍了生态文明的起源、生态文明建设的概述、习近平新时代生态文明思想形成的时代背景及生态文明观等生态文明基础知识，为使用本书的各高校大学生深入浅出地介绍了“生态文明”这一主题。其中，第五章着重回答了生态文明时代大学生生态文明教育的内涵、建设和实践，回答了大学生们“如何学习生态文明”的问题。第六章至第七章着重阐述了生态文明观，并介绍了目前云南省以及部分其他省市生态文明建设的实践案例，使大学生们能够充分了解发生在身边的生态文明建设故事，进一步理解生态文明建设对于人类可持续发展和生态环境保护对于人类的重要意义。

本书由丽江师范学院、中国生物多样性与绿色发展基金会、云南农业职业技术学院、丽江文化旅游学院和广西艺术学院共同编写完成，具体分工如下：中国生物多样性与绿色发展基金会副理事长兼秘书长周晋峰赋序；丽江师范学院莫新春撰写前言、第七章第二节，周丽贞撰写第一章第一、二节，高培仁撰写第二章第一、二节，杨慧菊撰写第二章第三节，王玲、吕俊梅撰写第三章第一、二节；余成华、杨金兰撰写第三章第三节；寇灿、兰玉倩撰写第五章第一、二节；中国生物多样性与绿色发展基金会胡丹、王豁撰写第四章第一节，王静、张思远撰写第四章第二、三节，秦秀芳撰写第六章第一、二节，安勤勤撰写第六章第三、四节，冯璐、杨晓红撰写第七章第一节；云南农业职业技术学院文俊、邵权、杨章松撰写第五章第三节；丽江文化旅游学院蔡金荣撰写第一章第三节；广西艺术学院苏敬杰撰写第六章第二节。

生态文明建设与高校政治德育是一个长久且持续以恒的系统工程，本书在架构及内容编撰上难免会出现疏漏和不妥之处，诚请各位读者批评指正。同时，由于借鉴了大量的国内外相关文献，引用了大量的定义、概念和说法等，亦难免会出现过度引用之处，在此谨对这些文献的作者们表达诚挚的谢意。

感谢丽江师范学院领导及有关部门的支持，感谢中国生物多样性与绿色发展基金会领导及有关部门的支持，感谢云南大学出版社给予的宝贵机会。

编写组

2024 年 8 月

目录 CONTENTS

第一章 生态文明的起源

【生态文明】是指人类在反思工业文明的基础上，摈弃人类中心主义价值观和工业文明的线性经济发展方式，主动尊重自然、顺应自然和保护自然，追求人、社会和自然和谐发展的新型文明发展阶段。生态文明是人类文明发展的高级形式，是人类回归自然本位考虑人类发展的新思想。

“我经常说，发展经济不能对资源和生态环境竭泽而渔，生态环境保护也不是舍弃经济发展而缘木求鱼。中国坚持绿水青山就是金山银山的理念，推动山水林田湖草沙一体化保护和系统治理，全力以赴推进生态文明建设，全力以赴加强污染防治，全力以赴改善人民生产生活环境。中国正在建设全世界最大的国家公园体系。中国去年成功承办联合国《生物多样性公约》第十五次缔约方大会，为推动建设清洁美丽的世界作出了贡献。[1]

2022 年新年伊始，习近平总书记在世界经济论坛视频会议的报告中再次提到了生态文明，从中，我们不难看到中国对生态文明建设坚定不移的决心，以及习近平总书记对生态保护的理念。那么生态文明是什么呢？它从何而来？生态文明的思想又是如何形成和发展的？它有什么样的哲学定位？

第一节　生态文明的起源

一、生态文明的起源

“生态文明”一词的提出可以追溯到 1978 年德国法兰克福大学教授费切尔（Iring Fetscher），他在《论人类生存的环境——兼论进步的辩证法》中完整提出生态文明的设想，并认为生态文明的实现要靠“大多数人从根本上改变行为模式”[2]。1984 年，《莫斯科大学学报·科学共产主义》中也提出了生态文明的概念[3]，但至今生态文明的概念仍停留在学术研讨的范围，而且一些国家没有真正将生态文明和生态文明建设提升到国家政治方针和人类发展的高度。

在我国，“生态文明”一词最早见于 1985 年 2 月在《光明日报》的《国外研究动态》栏目中张捷的译介[3]，我国学界则普遍认同“生态文明”一词的提出及其理念是由叶谦吉先生于 20 世纪 80 年代所创造的[2]，而后经过研究和发展，在党的十八大工作报告中将其纳入中国特色社会主义发展的总体布局中，并提出“五位一体”的发展战略，使生态文明建设的战略地位更加明确[4]。将生态文明建设融入经济建设、政治建设、文化建设、社会建设各方面和全过程，是生态文明思想和我国传统生态观有机融合的结果，是生态文明思想的升华和时代化，是人类文明发展到现今高度之后回归生态系统考虑人类社会的经济、政治、文化和社会的理论思想和行动指南。

二、人类文明与生态环境

【文明】是人类在行为与认知基础上建立的行为道德与准则。涵盖两种层次：一种是人类所建立的物质基础和行为准则；另一种是区别于其他物种的社会聚集性。

文明是人类社会发展到一定阶段产生的，但作为描述性的词语出现得较晚，civilization（文明）在18世纪出现，且仅为法律用语，而其现代含义则最早正式在出版物《人口论》（1756年，维克托·里凯蒂）中出现[5]。文明一词一般有两种含义：一种指“开化、进步、美好的社会状态或人类行为”，例如良好的行为道德、遵守法律法规等；另一种指“人类社会进步状态，与‘野蛮’相对”，这也是《辞海》中的意思[2]。菲利普·费尔南多-阿梅斯托则认为盛行的“文明”一词是被“滥用”的，除一些常用的文明界定以外，常以“某个区域或人群、时代，大多是因为它在生活方式、思考模式、观感上有显著的一贯性，与以外的区域、人群、时代不同”来定义文明，诸如西方文明、东方文明、古典文明、现代文明等，但它们均有集群与区隔性，即使传统对文明的认识也有一种“集体的自我区隔”。因此，他定义的文明是：对自然环境的关系之中的社会，出于人类想使自然符合自己需求的冲动，而改造自然环境。因此费尔南多认为，除了我们传统上认为的东西方较为发展的社会而外，例如非洲草原上主要依赖采集、渔猎的部落，南美热带雨林中居住于树屋的人类群体，生活在低地沼泽中满身涂满泥巴的基曼人等，都属于文明，即人类社会进步状态这一含义下的文明。他们所处的社会形式只不过是最好地适应了相应的自然环境，在恶劣的自然环境中得以生存和发展。由此他指出，无论文明如何发展，都离不开自然环境的影响[6]。无论是进步的文明，还是落后的文明，甚或是消失的文明，它们均是对环境的最大改造和获取，最终表现为对环境的适应，一言以概之：生态兴则文明兴，生态衰则文明衰[7]。但在漫长的文明发展过程中，环境也因为相应文明的发展而有所改变，尤其是在适合农耕文明发展的区域，比如美索不达米亚文明改变了美索不达米亚地区的环境，使绿洲成为不可逆的历史。在很早之前，美索不达米亚地区有着肥美的草原和茂密的森林，由于森林和信风的共同作用，每到夏季就会有丰沛的降水，农业文明由此而发生，但集约化的生产和粮食产量的增加，人口爆发式增长，继而为了满足增长人口的粮食需求而扩大农业生长，在此循环中，大片森林因农田开垦而消失，森林消失引发的是大气湿度的改变，导致信风再也无法到达内陆地区，连年降水量减少导致草地和农田沙化和荒漠化，变成了如今的散生着一些灌丛的荒漠或整片的沙漠。在我国，黄河流域也是较为典型的例证。我国黄河流域在农耕文明早期是绿树庇荫的地区，但开荒造田，以及帝王宫苑的建造，使黄河地区的森林逐渐减少，甚至消失，近现代的黄河流域给我们的印象是分布有许多黄土、荒漠和沙漠的区域。由此可见，人类文明的发展改变了自然环境，而环境问题的出现是人类发展需求对环境获取超越了环境荷载，继而破坏环境的结果。

我们的认识中对真正意义上的人类的界定是原始人对工具的使用，基于人类技能和环境的综合作用，文明又被划分为原始文明、农耕文明、工业文明等，它们是依据人类对环境改造能力和能动性的大小划分的。根据这一划分依据，进入农耕文明以前被认为是原始文明，它主要以人类简单工具的制作、猎取动物获得肉食和毛皮、采集果实和种子、捕鱼等为主，这类活动更多的是从环境当中获取，那时人类对环境的影响被认为是微乎其微的。随着人类对种子植物的种植栽培，改造大面积土地适应目标植物的栽培和生长所需，疏挖沟渠和蓄水以适应农耕作物对水分的需求，砍伐大片森林和灌木，焚烧干草以肥田，这是农耕文明早期对自然环境的索取和改造，但是随着农耕文明的发展，这一时期对环境最大的影响却是人口。由于农耕技术的提高，使人们在恶劣的环境中或即使在极端气候发生时，仍然能够有所收获；畜牧业的发展以及食物加工与贮藏方法的发现、发明与应用使得食物多样和富足，营养丰富；草药与医学知识的发展使人口死亡率下降。人口增长和人对衣、食、住、行的需求加大了人对自然界的获取与改造。不过当时的人们对环境问题的出现不甚关注，环境的改变，如森林消失、沙化等只是让生活其中的人们改变生产生活方式来忍受和适应这种恶劣环境，有的无法忍受则举族、举国迁移，甚或为了资源和食物进行侵占和侵略，战争由此而发。波斯人和希腊人在“肥沃新月地带”的边缘曾为了资源和耕地而进行过拉锯式的争夺[5]，即便如此，很多地区农耕文明时代的人们几乎没有意识到人类耕作对自然的不良影响。

人类对环境问题的重视开始于工业文明的发展。人类对自然的获取与改造发生的问题以及人类对自然界的认识也促使了科学的发展，科学发展反哺于技术，产生机械代替人类而能够在更广大的范围和深度内改造自然，人的寿命愈发增加，人口大量增加，消费需求和工业发展加速了“三废”的产生，种种原因之下，工业文明加速了环境的恶化，也深化了环境问题。此时人们才真正意识到人类的所作所为破坏了环境，而环境也反作用于人类，被破坏的环境限制了人类的发展。对于生物种群（人口）的增长与环境之间关系的研究，最著名的莫过于逻辑斯谛模型。逻辑斯谛模型最早是比利时数学家、生物学家弗胡斯特根据马尔萨斯的生物总数增长规律总结得出的，1920 年，社会学家 Pearl 和 Peed 也从欧洲历史人口动态资料总结获得了同样的公式，即逻辑斯谛方程[8]。逻辑斯谛方程建立的模型很好地说明了种群在环境中的发展动态，当某个种群在相应环境中数量很少的时候，由于环境容量空余较大，因此该种群就能接近指数级增长。假设环境容量对种群数量是没有限制的，即能够提供给该种群无限的食物、良好的环境和容纳空间，那么这个种群就会无限制增长，就像“J”字型，因此假设无限条件下的种群增长又称为“J”型增长。但实际情况并非如假设一般美好，当环境中的一个种群增长到一定数量时，就会受到食物、水、空间等环境条件和资源的限制，因此会有增长的最大值，其种群数量就会在这个最大值附近波动，形成一种动态平衡，整体呈现类似字母“S”的发展趋势，因此又称为“S”型增长模型。在自然环境下，影响种群数量波动的因素有捕食与被捕食、疾病、死亡率、出生率、食物、极端气候等。因此，自然状态下，野生动物不会超过环境容量，一旦超过，必然有天敌、食物等限制，使种群数量下降，从而使生态系统达到一种动态平衡。但对于人类而言，自然调节已经无能为力，因为人类的发展，使人成了食物链最顶端的生物，除了人类自己，几乎没有天敌；医学发展对疑难病症的治愈率增加，死亡率下降，寿命增加；大量开垦田地，改造自然，使食物充沛；建造高楼大厦和城市提供容纳空间，诸如这些使人口数量不受环境容量的限制，因此人口在近现代的增长趋势是“J”形的。不过往往被人们忽视的是支撑近现代人口“J”形增长量的代价是环境负载也大大增加，环境平衡能力被打破，环境问题集中爆发和凸显出来。

环境问题最先在西方爆发出来，但在人本位思想影响下，第一反应是治理污染，将被破坏的环境“改造”为适合人类生存和发展的优质环境，并且有意无意地忽略了地球是一个连续的生态系统的问题。因此，他们的作为是能治理就治理，不能治理就转移。印度博帕尔事件和生态帝国主义就是在这样的思想指导下发生的。因为工厂是“三废”的主要来源，因此将高污染和具有潜在危险的工厂搬到其他发展中国家，甚至是不发达的国家和地区，满心以为这样就没有发展与环境问题的困扰了，但当南极上空的臭氧空洞面积增大，企鹅血液中也监测到农药残留的那一刻，这样的妄想也就被打破了。西方科学界关注到了地球生态系统的整体性，从而提出了“同一个地球”环境议题和思想，同时也明白了人作为自然的一部分无法超越自然，脱离自然而生存，社会经济发展和生态破坏、物种减少、环境污染、资源锐减成为不可调和的矛盾。虽然西方众多的生物学、环境科学、生态学、气象学、物理学、化学等相关的科学家进行了关于环境方面的研究，试图解决人类发展和环境之间的矛盾，我们也不能忽略这些研究取得的成就，但是在人本位哲学思想和西方政治思维影响下，这些研究均有意无意地脱离了人是自然的一部分的哲学问题，问题还是得不到根本性解决。

生态文明思想传入我国，与我国传统的生态哲学观结合，使其得到了质的飞跃。生态文明思想是建立在人与自然和谐共生、人类是自然界的一部分的哲学观上的。生态文明这一概念的出现是解决人类发展与环境问题这一矛盾的希望，也是人类文明客观发展的结果。1995 年，美国著名作家、评论家罗伊·莫里森（Roy Morrison）就在《生态民主》一书中将“生态文明”作为“工业文明”之后的一种文明形式[3]。由此可见，生态文明是人类社会发展的必然，是中西方学者的共识。

三、生态文明的定义与内涵

【延伸阅读】人类文明发展史上的四大文明体系：原始文明、农业文明、工业文明和生态文明，它们发展时期所处的环境与人类的关系如何？人类如何认知自己在生态环境中的地位？从征服自然的“人定胜天”到脱离人本中心说的“人与自然和谐共生”是如何演变的？

什么是生态文明呢？对于生态文明的辨析和解释从生态文明一词出现之后从未间断。生态文明一词的提出者费切尔（Iring Fetscher）认为“人们向往生态文明是一种迫切的需要”，但没有明确什么是生态文明这一问题。而在《莫斯科大学学报·科学共产主义》中提出的生态文明概念则是：培养生态文明是共产主义教育的内容和结果之一。生态文明是社会对个人进行一定影响的结果，这是从现代生态要求角度看社会与自然相互作用的特性。它不仅包括自然资源的利用方法及其物质基础、工艺以及社会同自然相互作用的思想，而且包括这些问题与一般生态学、社会生态学、社会与自然相互作用的马列主义理论的科学规范和要求的一致程度。这一概念明确了生态文明是马列主义科学观的基础，是对人的行为道德的规范。

叶谦吉先生提出的生态文明的定义则从生态学的角度出发，并融合了我国的自然观，指出“所谓生态文明，就是人类既获利于自然，又还利于自然，在改造自然的同时又保护自然，人与自然之间保持着和谐统一的关系”[2]。李绍东则将生态文明的实践与思想建设联系在一起，提出生态文明就是把对生态环境的理性认识及其积极的实践成果引入精神文明建设，并成为一个重要的组成部分。他认为“对待客观事物，应具审美观和文明观”，对待生态环境亦如是[9]。2005 年李良美[10]在《生态文明的科学内涵及其理论意义》中提出生态文明也可称作绿色文明或环境文明，并定义生态文明是依赖人类自身智力和信息资源，在生态自然平衡基础上，经济社会和生态环境全球化协调发展的文明。唐代兴则认为，生态文明就是以人的方式看待自然的同时也兼顾以自然的方式看待自然[11]。

从生态文明一词诞生至今，一直有不同的专家学者从不同角度阐述生态文明的定义，但这个定义一直在改变，这是与时俱进的总结的结果。从各种定义中我们不难看出，生态文明是以马克思主义哲学为基础的发展论断，生态文明思想是人们对待生态环境的指导思想，发展至今，生态文明思想融合了我国优秀的生态哲学思想，解释了人与自然关系，指明了人类社会发展的方向，是解决生存与发展的关键。李良美[10]还将生态文明的内涵总结为：

1. 人类要尊重自身首先要尊重自然。
2. 价值观的革命。
3. 保护生态环境是伦理道德的首要准则。
4. 把生态文明列入社会结构的重要组成部分。
5. 人类社会活动在经济发展基础上逐步转向以文化活动为主。
6. 生态时间的把握。
7. 尊重生命，珍惜生命。
8. 把追求知识、智慧和环境质量看作是人生的目的。
9. 社会的民主的绿化。
10. 促进整个人类的平等合作关系。

习近平总书记也在《推动我国生态文明建设迈上新台阶》[7]一文中指出，生态文明建设必须坚持人与自然和谐共生，坚持绿水青山就是金山银山，坚持良好生态环境是最普惠的民生福祉，坚持山水林田湖草是生命共同体，坚持用最严格制度最严密法治保护生态环境，坚持共谋全球生态文明建设等六个生态文明建设的原则。

综上所述，生态文明是人类文明发展的一种形式，是人类回归自然本位考虑人类发展的新思想。这种思想可能一直存在，但直至 20 世纪 70—80 年代才形成“生态文明”一词，并在中国改革开放和政治发展过程中将其总结、凝练、提升，作为我国的方针政策列入《宪法》，作为我国社会发展的思想指导，这是人类文明发展的首创，也是人类文明发展的必然。生态文明有两层含义：一层是人们与自然和谐共生的行为规范和道德标准，它需要我们全人类达成共识，共同遵守，并形成深入骨髓的理念；另一层是人类文明的所处阶段，这是我们全人类的共同思想意识下形成的生产力发展阶段。在习近平生态文明思想指导下的生态文明建设必定带领我们实现中华民族伟大复兴的中国梦，而我们对生态文明的实践和理论研究也必将影响人类文明的进程。

参考文献：

[1] 习近平论社会主义生态文明建设（2022 年）[EB/OL].(2022-04-01).“学习强国”学习平台.

[2] 卢风.“生态文明”概念辨析[J].晋阳学刊，2017（05）：63-70.

[3] 鞠昌华.生态文明概念之辨析[J].鄱阳湖学刊，2018（01）：54-64+126.

[4] 中共中央文献研究室．习近平关于社会主义生态文明建设论述摘编．北京：中央文献出版社，2017.

[5] [法] 费尔南·布罗代尔．文明史：人类五千年文明的传承与交流[M]．常绍民，等译．北京：中信出版社，2014.

[6] [英] 菲利普·费尔南多－阿梅斯托．文明：文化、野心，以及人与自然的伟大博弈[M]．薛绚，译．北京：中信出版集团，2020.

[7] 习近平．推动我国生态文明建设迈上新台阶[J]．奋斗，2019（03）：1－16.

[8] 徐荣辉．逻辑斯蒂方程及其应用[J]．山西财经大学学报，2010，32（S2）：311－312.

[9] 李绍东．论生态意识和生态文明[J]．西南民族学院学报（哲学社会科学版），1990（02）：104－110.

[10] 李良美．生态文明的科学内涵及其理论意义[J]．毛泽东邓小平理论研究，2005（02）：47－51.

[11] 唐代兴．生态文明的性质定位及理论基础[J]．哈尔滨工业大学学报（社会科学版），2019，21（01）：109－117.

第二节　生态文明思想的形成

生态文明思想作为人类社会发展的指导思想，以建立新型的生态文明，需要人们“以生态伦理精神支配每个人与一切人……类群伦理、国家伦理，不管原来如何伟大，在生态伦理时代都不得不退居从属地位”[1]。生态文明思想是人类与生俱来的，但那时的生态文明思想是朴素的、无意识的，随着人类文明的发展，经过学者、思想家、政治家等的总结，慢慢形成了跃然纸上的思想和文因。文因，即文字性的基因[2]，它是人类文字出现后出现的，起到基因在人类文明传承过程中一样重要的作用。生态文明思想的形成伴随着人类改造自然的全过程，也是人类破坏环境、环境问题出现后亟待解决时凝结而成的。

一、环境问题的产生和西方生态文明思想

如前所述，环境问题在人类文明产生的同时就存在了，有些文献中就记述了诸如猛犸象、剑齿虎、巨鹿等的灭绝与人类史前文明息息相关。虽然地球气候的变化可能使这些史前动物数量锐减，但造成这些动物消失的根源可能是人类利用工具对其大量捕杀。到了农业文明时代，耕作田地需要开荒，建造房屋、宫苑和一些工程需要大量木材和石块，如金

字塔和长城的建造，在没有现代化机械的时代，主要靠人力以及滚木辅助完成巨大石材的运输；水涝就要疏通沟渠，干旱就要挖湖蓄水，改变地形，农耕文明使大面积的森林消失，这些都是造成生态压力的主因。

明代袁宏道在《满井游记》中写道："燕地寒，花朝节后，余寒犹厉。冻风时作，作则飞沙走砾。局促一室之内，欲出不得。每冒风驰行，未百步辄返。"这描述了明朝时期北京春天的沙尘天气，但在先秦以前，那里却几乎没有沙尘天气。这样的沙尘天气是在汉朝以后逐渐高发起来的，至 4 世纪以后，风沙涉及的面积和爆发的程度也愈发强烈[3]。类似的事例在世界范围比比皆是，比如美索不达米亚文明、埃及的尼罗河文明、古巴比伦文明、印度河流域的文明等，有的文明消失了，有的文明融合在了其他文明当中，有的文明在恶化后的环境中艰难存在，但无论何种结果，均揭示了环境之于人类文明发展的影响。我国黄河流域也经过几千年的文明发展，环境遭到很大程度的破坏，在新中国成立以后，人们发现了黄沙漫天的症结，并为之付出了巨大的努力，进行了风沙治理。有焦裕禄这样带领兰考人民植树造林的好书记；也有撒罕坝人前仆后继地将美丽青春和生命奉献于茫茫戈壁而建立起来的撒罕坝林区；还有我国 1979 年启动的"三北"防护林工程。经过多年的努力，取得了一定的成效。"三北"防护林即在东北、西北、华北建立一条防护林带。至 2019 年，"三北"防护林工程造林 4.5 亿亩，退耕还林超过 5 亿亩，以此我国从东到西初步建立起一条绿色屏障，将黄沙阻隔于外，使屏障内的人们得以安居乐业[4]。但也有其他国家和一些地区的人们以适应的姿态艰难生活在恶劣的环境中。

【延伸阅读】"三北"防护林工程：是指在中国"三北"地区（西北、华北和东北）建设的大型人工林业生态工程。中国政府为改善生态环境，于 1979 年决定把这项工程列为国家经济建设的重要项目。建设"三北"防护林工程是改善生态环境、减少自然灾害、维护生存空间的战略需要。

人类文明经过了采集渔猎的原始文明、以栽种粮食为主的农业文明、机械化生产的工业文明发展，最终工业文明的高度发展导致了严峻的环境问题。在 20 世纪出现了诸多使世界震惊的环境公害事件，诸如马斯河谷事件、伦敦烟雾事件、光化学烟雾事件、博帕尔事件、水俣病事件、切尔诺贝利核泄漏事件等。除此而外，科学工作者还发现了南极上空的臭氧空洞，企鹅血液中的有机磷、有机氯农药的成分，紧缺的淡水资源却不断被污染，冰川的消融，干旱地区更为干旱而水涝地区却水灾连连，极端气候在全球范围内频发。与此同时，粮食产量与人口数量失衡、疫病等原因导致全球仍有许多人口处在温饱线之下。2020 年 8 月 2 日，由联合国粮食及农业组织、国际农业发展基金、世界粮食计划署等机构联合发布的报告显示，新冠疫情可能导致全球饥饿人数在2020年大幅增加，全世界将有6.9亿人处于饥饿状态[5]。

20世纪50年代前后，环境危害（公害）频发。“由于当时尚未搞清这些公害事件产生的原因和机理，所以一般只是采取限制措施。如英国伦敦发生烟雾事件后，政府制定了法律，限制燃料使用量和污染物排放时间。”[6]关注环境问题的转折点出现在1962年蕾切尔·卡逊《寂静的春天》的发表。该书指出，农业中农药的使用，虽然没有直接作用于野生动物，但由于农药沿着食物链转移到知更鸟喜食的昆虫和种子中，以及富集效应，被知更鸟食用后造成其大量死亡的例证使得科学界不得不重新审视人类的农业和工业文明，这被认为是生态文明的觉醒[7]。蕾切尔·卡逊在《寂静的春天》发表后两年死于癌症，后来对癌症和环境的一系列研究表明卡逊很可能死于长期暴露于各种化学物质当中[8]。

在环境问题还不被人们重视的这一时期，人们的生态文明思想是朴素的，在许多民族的宗教信仰当中都有敬畏自然的因素，如许多国家的原始民族在丰收之时进行祈祷和祭祀活动以感谢和反馈自然，而我国傣族村寨在建设的同时保留有神山，那里是禁止砍伐和渔猎的地方。从有文字记录开始，这种朴素思想就以文字的方式传承和发展。因此，我们现在看到我国古代关于生态保护的思想：“山林虽广，草木虽美，禁发必有时；江海虽广，池泽虽博，鱼鳖虽多，网罟必有正。”（《管子·八观》）“衡顺山林，禁民斩木。”（《五行》）“毋行大火，毋断大木，毋斩大山，毋戮大衍。”（《轻重己》）

现代的生态文明思想则是伴随着环境问题的解决方法的探索而出现的，如前述在前人的不断研究探讨中出现了生态文明一词及其定义，当时的西方国家也出现了种种环境问题，以及解决问题的尝试，比如美国的垃圾处理。在20世纪80年代，随着美国经济的发展，各种垃圾无法再以填埋或焚烧的方式完全处理，前者具有渗出液污染和占地面积广的缺点，后者则会出现大量有毒有害气体造成二次污染以及投入高、处理需要一定时间等弊端。但有人发现众多垃圾中有不少东西如纸质的物品、电器元件、塑料、玻璃等可以进行二次回收利用，并以公益自发的方式在社区进行垃圾分类；同时让失业者能够参与其中，在出卖和处理这些可回收垃圾时获得一定的报酬，以支撑失业者家庭的日常开销。这项公益早期还得到当地政府财政拨款，以嘉奖他们的创举，因此得以维持运转。但是在经济利益驱动下，资本流入使得这项公益活动难以为继，最后变成资本家的获利途径，而垃圾分类也成为当时不得不进行这项工作的从业者的噩梦。他们每次工作只能维持70天，因为美国法律规定70天以后工人就可以加入工会，获得一系列的劳动保障，但他们会在第69天就被老板辞退。他们的工作环境十分恶劣，他们不知道在自己进行分类的垃圾中含有什么有毒物质或病毒，可能一不小心扎到手的针头上带了梅毒或艾滋等病毒，但没有人为他们提供疫苗的保障；他们的工资也仅仅能够维持生活的开销，有时候还有可能从垃圾堆里翻出一具尸体，可能是宠物的，甚至有可能是在医院中病死后无人认领的人的尸体……这是西方较早对垃圾分类的尝试和实践，如果能一如开始，是民众自发的从源头开始的垃圾分类，并将医院这样的特殊场所的垃圾进行制度化的销毁，那么就不会有“洋垃圾”什么事了。但历史没有“如果”，由于政府对环保项目的奖励、垃圾处理的利润收益以及西方工人对自身健康、安全的运动和越来越强烈的呼声等，这项产业也随着“洋垃圾”出口转嫁到发展中国家，使得污染和生态破坏，以及对工人的危害均被转移[9]。当时的西方社会针对诸如垃圾污染、生态环境破坏、物种减少等出现了生态现代化，以及类似的绿色生态等之类的理论和实践，但资本主义社会的本质决定了这些理论和实践都不能从根本上解决环境安全、生态安全，以及人与自然可持续发展的问题，也都不能像生态文明这样全面概括、指导人类文明的发展和方向。

二、环境保护的兴起与我国生态文明思想的形成

传统环境保护课程将国外环境保护发展历程划分为四个阶段，分别是限制阶段、“三废”治理阶段、综合防治阶段、规划管理阶段。其中蕾切尔·卡逊《寂静的春天》的发表则是西方发达国家对环境综合治理思想的导引。同时期及以后的“大众生态运动”“反道路建设运动”“回归田园主义”“生物区域主义”“生态中心主义”等对生态保护和生态文明进行了深入的思考。1987 年，世界环境与发展委员会发布了名为《我们共同的未来》的研究报告，提出了“可持续发展”的理念，这份研究报告促使联合国 1992 年在巴西里约热内卢召开了“环境与发展高峰会议”，把可持续发展战略写入了大会宣言，认为可持续发展是“既符合当代人类需求，又不致损害后代人满足其需求能力的发展”，并制定了《21 世纪议程》，要求各国政府都切实实施[10]。可持续发展对我国环境保护理念和生态文明思想的形成有莫大的影响。西方文明在工业革命中经历的种种环境问题之伤是痛彻心扉的，对人类发展和环境的各种问题之间不可调和的矛盾也是深入理解的，甚至不乏有识之

【延伸阅读】《21 世纪议程》是一份没有法律约束力、800 页的旨在鼓励发展的同时保护环境的全球可持续发展计划的行动蓝图——“世界范围内可持续发展行动计划”，它于 1992 年 6 月 14 日在里约热内卢的环境与发展高峰会议上通过。中国根据《21 世纪议程》制定了《中国 21 世纪议程》，该议程又称《中国 21 世纪人口、环境与发展白皮书》，以此作为中国可持续发展总体战略、计划和对策方案，这是中国政府制定国民经济和社会发展中长期计划的指导性文件。该议程于 1992 年 7 月由国务院环委会组织编制，于 1994 年 3 月 25 日在国务院第十六次常务会议上讨论通过。

士点出了解决办法——生态文明的建设，但资本主义国家的性质使之有生之源泉却无生长之温床。东西方思想文化的交流使生态文明思想的种子漂洋过海，到达社会主义国家——中国之后，发展壮大起来，并为中国高速发展锦上添花。

回顾我国的环保历程，环境保护工作的开展以1972年为节点可划分为两个阶段：前一个阶段从新中国成立开始，当时我国没有专门的环境保护机构，也没有明确的环境保护目标和任务，有的只是大西北人民面对肆虐的黄沙，自发地植树造林，但时代和技术决定了收效甚微。改革开放使我国的经济得到飞跃发展，打开国门使我们看到了不一样的世界，但也为发展付出了高昂代价，西方社会历经的“三废”问题，我国也都一一产生了，甚至“洋垃圾”也来到了我国，但我国政府始终没有忘却环境问题，一心想要让人民健康和安居，所以政府一直在寻求解决发展和破坏环境之间矛盾的办法。早在1972年6月，我国派代表团出席了联合国人类环境会议。此次会议通过了《人类环境宣言》，该宣言将环境、人口、资源和发展联系在一起，也从全球着眼环境问题。这次会议对我国领导人的触动也使我国将环境保护工作正式列入议程，并于1973年召开了第一次全国环境保护会议。这次会议针对工业污染制定了“预防为主、防治结合”的环境保护方针，但直至1983年之前，我国的环境保护仍然停留在污染治理的阶段，生态思想的发展较为缓慢。1983年，第二次全国环境保护会议上，我国确定将环境保护作为一项基本国策，提出了“经济建设、城乡建设、环境建设要同步规划、同步实施、同步发展，实现经济效益、社会效益、环境效益的统一”的战略方针。这次会议将“三废”污染治理连同城乡建设进行综合考虑，整体规划、建设，体现了生态性和统一性，但没有将保护资源与生态建设加以明确。1989年召开了第三次全国环境保护会议，这次会议形成了“预防为主、防治结合”“谁污染谁治理（1999年调整为谁污染谁付费）”和“强化环境管理”三大政策体系，将保护和治理环境和生态修复同经济挂钩，加大污染和破坏环境的成本来降低环境破坏和生产的成本[6]。

这一时期，“生态文明”一词及其最初的思想已经进入我国学界将近10年。改革开放之后，我国学术界百家争鸣，生态也是一个讨论的热点，但它往往与农业和林业联系在一起，尤其在恢复绿地、退耕还林的实践过程中发现了物种单纯对林地的影响。单纯林在遭受病虫害时，往往是毁灭性的，究其原因，食物链较简单以及没有病虫害天敌栖息，因此对生态农业的研究、实践和讨论也是当时的热点。随着生态农业、复合式林地、天然林恢复的研究推进，发现城镇的建设也可以是生态的。这种研讨和实践使得生态文明在理论和实践中慢慢与我国的农业、林业、经济建设，甚至社会建设相融合，使生态文明思想在我国本土化。在我国探寻解决生态环境与社会发展矛盾的大浪潮中，“生态文明”一词和现代思想的引入为后续形成我国的生态文明思想奠定了基础。习近平总书记结合马克思主义生态理论和我国古代生态文明观，将其凝练和升华，使其更具有实践性和指导意义。

参考文献：

[1] 卢风．生态文明：文明的超越[M]．北京：中国科学技术出版社，2019.

[2] 常杰，葛滢．生态文明中的生态原理[M]．杭州：浙江大学出版社，2017.

[3] 中国气象报社．沙尘暴或许比你想得更“有故事”[N]．中国气象报，2016－04－26.

[4] 优酷．世界地球日：中国这30年来到底做了哪些环保？[OL]．优酷视频，2022－04－22.

[5] 联合国．世界濒临至少50年来最严重粮食危机[EB/OL]．央视网，2020－08－03.

[6] 李爱贞．生态环境保护概论[M]．北京：气象出版社，2001.

[7] 易丰．生态文明研究溯源及综述[J]．乐山师范学院学报，2015，30（10）：61－66.

[8] [美] 蕾切尔·卡逊．寂静的春天[M]．吕瑞兰，李长生，译．长春：吉林人民出版社，1997.

[9] [荷] 阿瑟·莫尔，[美] 戴维·索南菲尔德．世界范围的生态现代化——观点和关键争论[M]．北京：商务印书馆，2011.

[10] 钱易．新时代生态文明建设与可持续发展之路[J]．审计观察，2018（06）：18－23.

第三节 生态文明思想的发展

现代生态文明思想起源于西方，但生态文明思想的发展却是在其传入我国之后。该词引入我国之后，与我国经济社会发展相结合，并经过老一辈专家学者研究、探讨和传播，被国家决策者采纳，而习近平总书记则与时俱进地将生态文明思想与我国国情和传统哲学有机结合，简明扼要地阐述为“绿水青山就是金山银山”。金山银山就是社会和经济，经济发展了，有了资本的积累和运转，人民的消费水平和生活水平才能够提升，社会才能够稳定发展，而经济和社会发展的根本就是绿水青山，也就是生态环境，它包括我们生存于其中的自然环境和营建的城市乡村的方方面面。因此，城乡要美，资源要富足，环境良好，生产的粮食绿色安全，人民的生活也就美好，身体健康，经济有活力，社会文明也就发展了。

一、生态文明成为我国治国理政方针政策，使生态文明思想在我国发扬光大

2005年12月，我国在《国务院关于落实科学发展观加强环境保护的决定》中明确提出“依靠科技进步，发展循环经济，倡导生态文明”。这是我国首次在政府文件中提出生态文明的思想。由于当时虽然有“谁污染谁治理”，为治理污染买单的政策法规，但发现在巨大经济利益驱动下，污染的成本根本不值一提，污染环境与生态破坏依然严重。因此，明确提出要“切实改变‘先污染后治理、边治理边破坏’的状况”。这也是“科学技术是第一生产力”的有力体现。由于学界的研究探讨，从污染环境的治理，生态农业到生态文明建设的理论的不断完善，实验实践数据不断增加，证明了生态文明的理念和思想是正确和可行的，政府决策依靠学界理论和实践的研究结果，提出了生态文明建设的指导方针，这是生态文明在我国从理论到国策的第一次提升。

2005年10月，中国共产党第十六届中央委员会第五次全体会议还通过了《中共中央关于制定国民经济和社会发展第十一个五年规划的建议》，其中明确提出“十一五”时期经济社会发展的主要目标是：在优化结构、提高效益和降低消耗的基础上，实现2010年人均国内生产总值比2000年翻一番；资源利用效率显著提高，单位国内生产总值能源消耗比“十五”期末降低20%左右，生态环境恶化趋势基本遏制，耕地减少过多状况得到有效控制……[1]2006年，《“十一五”规划纲要》阐述了以生态文明思想为核心的“建设资源节约型、环境友好型社会”的国家发展方针[2]，明确了生态文明社会的建设方向，确立了生态文明思想在我国治国理政中的指导地位。

“小康”是20世纪70年代末邓小平在会见日本首相时提出的，是当时用来构想我国人民生活水平提升后的一个词语，而这一词汇在我国经济飞速发展，国内生产总值（GDP）

【小康水平】小康生活的界定，类似于国际上通用的生活质量的含义，包括物质生活状况——食品、衣着、住房、交通等物质条件；生活环境状况——包括空气、交通、水质、绿化等方面；社会环境状况——包括社会秩序、生活安全感、社会道德风尚等内容。1991年，《关于国民经济和社会发展十年规划和第八个五年计划纲要》把小康社会界定为两个方面：其一是小康的社会属性方面，即“是适应我国生产力发展水平，体现社会主义基本原则的”。其二是小康的实现水平方面，它“既包括物质生活的改善，也包括精神生活的充实；既包括居民个人消费水平的提高，也包括社会福利和劳动环境的改善”。

和人均经济水平得到提升之后，与时俱进地不断丰富，认为小康不仅要经济发展、社会民主健全、科教进步、文化繁荣、社会和谐、人民生活殷实，还要生态环境优美，衣食住行绿色，生物多样性得到保护，人与自然和谐发展，真正做到资源的可持续利用[3]。因此，党的十七大报告提出了生态文明建设是建设小康社会的目标之一。2011 年，《“十二五”规划纲要》中进一步明确了生态文明建设的主题和具体路径；至 2012 年 11 月，党的十八大报告将生态文明纳入国家建设的总体布局中；2017 年 10 月，党的十九大进一步提出了“五位一体”的总体布局战略；2018 年 3 月，第十三届全国人大一次会议第三次全体会议中经人大代表们投票表决，通过了将“生态文明”写入《宪法》的议案，标志着生态文明思想在我国质的飞跃，生态文明建设和生态文明思想成为国家的意志和国家行为。我国社会主义性质决定了生态文明建设是全国各族人民共同的愿望，是我国全面建成小康社会的坚实基础[4]。

二、生态文明建设、理论研究促进了生态文明思想的发展与完善

与生态文明理论和生态文明思想在国家层面发展相辅相成的是，我国学者和研究团队对生态文明理论、生态文明思想、生态文明哲学等的大量研究。1982 年，叶谦吉先生在《生态农业》一文中指出生态农业建设是解决生态系统中人、生物、环境三者之间矛盾统一的关键，此后致力于生态农业的研究与发展，从生态建设的高度考虑农业生产过程和布局。也是叶先生在农业体系研究的基础上提出了发展生态文明的理念[5-7]。至 1990 年，李邵东先生在《论生态意识和生态文明》一文中提出生态意识的研究已经有较大进展，但对生态文明却没有涉及，构建生态文明要有“明确的指导思想，强化生态知识的覆盖面，建设良好的社会生态生理环境，将生态文明制度化”。苗启明先生则认为：“生态文明是建立在生态伦理精神基础上的新的文明形态。”[8]常杰、葛滢等在《生态文明中的生态原理》一书中提出工业和城市发展是人类文明发展的必然，而工业和城市发展是导致环境污染、自然生态系统被破坏的主要原因，因此将城市的构建、人类活动、工业和商业体系等应用生态学原理将其有机整合，学习生物系统或生态系统进行合理的物质和能量的转化，并提出了城乡耦合系统。城乡耦合系统是一种模拟生态系统的人类城镇配套系统。建设城市时，配套建设相应的卫星乡镇，城市是消耗系统，而耦合的乡镇是生产系统，消耗系统能够产生废弃物并产出商品（工业产品），而且需要大量的农业产品维持城镇人口的生活，此时耦合的乡镇就能将废弃物循环利用和改造而产生产品或生产资料供给系统中的人们和工业活动，他们认为，通过这样的城乡耦合系统的建立，人类生产生活过程中对环境的污染和影响可以达到最小化，这是对生态文明阶段的人类城镇构造的设想[9]。

【生态文明指数（ECI）】是以全国地级市及以上城市为单元，采用综合加权指数法评估各市生态文明指数，以各市生态文明指数平均值计算省和国家生态文明指数。具体评估指标包括生境质量指数、环境空气质量、地表水环境质量、人均 GDP、第三产业增加值占 GDP 比重、单位建设用地 GDP、主要水污染物排放强度、主要大气污染物排放强度、单位农作物播种面积化肥施用量、城镇化率、城镇居民人均可支配收入、城乡居民收入比、人均公园绿地面积、建成区绿化覆盖率、城市生活污水处理率、城市生活垃圾无害化处理率、自然保护区面积占比共 17 项指标。

另外，也有许多团队进行生态文明建设的实践，这无疑促使了生态文明理论和思想的发展。譬如，基于生态文明理念的昆明市产业发展战略分析[10]，邓须军团队对海南热带森林资源变动下经济、社会和生态协调发展进行了研究[11]，广西广运林场生态公益林经营类型划分研究[12]等有关生态文明理论和实践性研究。由此也可以看出，小到与我们每个人都相关的垃圾分类行动，大到关乎国家和社会发展的工程项目，生态文明思想在我国掀起了研讨和实践的浪潮。严耕等对我国各省生态文明建设进行了评价研究，自 2010 年开始出版《生态文明绿皮书》[13]，在 2015 年版本中引入了国际的维度。他的研究体系按照国际通行的做法，运用生态文明指数（Eco - Civilization Index，ECI）及其生态活力、环境质量、社会发展、协调程度、转移贡献度等五个二级指标进行各省的生态文明建设的动态衡量。需要指出的是，2015 年版引入国际维度衡量结果表明：我国 ECI 得分仅为 44. 19 分，为被评价的 111 个国家中的倒数第三位，尤其环境质量的指标与国际其他国家差距很大，空气质量较差、农药施用强度过大、化肥超量施用、土壤污染等问题成为制约我国环境质量的亟待解决的问题。由此可以看出，虽然生态文明思想在我国蓬勃发展，但我国的生态文明建设还需要加强[14]。

参考文献：

［1］温家宝．中共中央关于制定国民经济和社会发展第十一个五年规划的建议［M］．北京：人民出版社，2005.

［2］中华人民共和国国民经济和社会发展第十一个五年规划纲要［Z］．中华人民共和国全国人民代表大会常务委员会公报，2006（03）：18 - 61.

［3］江泽民．全面建设小康社会　开创中国特色社会主义事业新局面——在中国共产党第十六次全国代表大会上的报告（2002 年 11 月 8 日）［J］．奋斗，2002.

［4］新华社．中共中央国务院关于加快推进生态文明建设的意见（2015 年 4 月 25

日）[J]．建筑节能，2015（06）：1－5.

[5] 叶谦吉．生态农业[J]．农业经济问题，1982（11）．

[6] 叶谦吉，罗必良．生态农业发展的战略问题[J]．西南农业大学学报，1987（01）：5－12.

[7] 叶谦吉，李存礼，周明哲．关于以桑为基础建立生态农业体系的探讨[J]．四川蚕业，1987（03）：25－29.

[8] 苗启明，林安云．论文明理论的发展与生态文明的提出[J]．哈尔滨工业大学学报（社会科学版），2012（5）：7.

[9] 常杰，葛滢．生态文明中的生态原理[M]．杭州：浙江大学出版社，2017.

[10] 郭凯峰．基于生态文明理念的昆明市产业发展战略分析[J]．昆明学院学报，2009（1）．

[11] 邓须军．海南热带森林资源变动下经济、社会和生态协调发展研究[D]．哈尔滨：东北林业大学，2018.

[12] 魏芳．广西广运林场生态公益林经营类型划分研究[D]．长沙：中南林业科技大学，2019.

[13] 严耕，杨志华，吴明红，等．中国省域生态文明建设评价报告（ECI 2011）[M]．北京：社会科学文献出版社，2011.

[14] 严耕，吴明红，樊阳程，等．生态文明绿皮书[M]．北京：社会科学文献出版社，2015.

本章知识拓展与讨论思考

知识拓展：

1. 东西方文明的差异与个人主义和集体主义

2. 资本主义就要灭亡了吗?

讨论思考:

1. 如何理解不同国家对于生态文明的定义?
2. 如何认知生态环境与人类发展的关系?
3. 如何理解中国生态文明思想的萌芽与发展?

第二章 生态文明建设概述

【“五位一体”总体布局】是中国特色社会主义事业的总体布局，主要指统筹推进“经济建设、政治建设、文化建设、社会建设、生态文明建设”五个方面。在中国特色社会主义新时代，具体是指我们的中国特色社会主义建设事业要坚持以经济建设为中心，发展社会主义市场经济，发展社会主义民主政治，发展社会主义先进文化，构建社会主义和谐社会，建设社会主义生态文明。

生态文明建设，是中华民族永续发展的千年大计，关系人民福祉，关乎民族未来，功在当代，利在千秋[1]。党的十八大以来，以习近平同志为核心的党中央立足新时代我国社会主要矛盾变化，着眼提供更多优质生态产品以满足人民日益增长的优美生态环境需要，高瞻远瞩、总揽全局，把生态文明建设纳入“五位一体”总体布局，将其放在更加突出的地位，融入经济建设、政治建设、文化建设、社会建设各方面和全过程，努力建设美丽中国，实现中华民族永续发展。

第一节　生态文明建设的内涵

生态文明，是人类遵循人与自然和谐发展规律，推进社会、经济和文化发展所取得的物质与精神成果的总和；是指以人与自然、人与人和谐共生、全面发展、持续繁荣为基本宗旨的文化伦理形态。它是对人类长期以来主导人类社会的物质文明的反思，是对人与自然关系历史的总结和升华。其内涵具体包括以下几个方面。

一是人与自然和谐的文化价值观。树立符合自然生态法则的文化价值需求，体悟自然是人类生命的依托，自然的消亡必然导致人类生命系统的消亡，尊重生命、爱护生命并不是人类对其他生命存在物的施舍，而是人类自身进步的需要，把对自然的爱护提升为一种不同于人类中心主义的宇宙情怀和内在精神信念。

二是生态系统可持续前提下的生产观。遵循生态系统是有限的、有弹性的和不可完全预测的原则，人类的生产劳动要节约和综合利用自然资源，形成生态化的产业体系，使生态产业成为经济增长的主要源泉。物质产品生产过程中，在原料开采、制造、使用至废弃的整个生命周期中，对资源和能源的消耗最少、对环境影响最小、再生循环利用率最高。

三是满足自身需要又不损害自然的消费观。提倡“有限福祉”的生活方式。人们的追求不再是对物质财富的过度享受，而是一种既满足自身需要、又不损害自然，既满足当代人的需要、又不损害后代人需要的生活。这种公平和共享的道德，成为人与自然、人与人之间和谐发展的规范。

生态文明是人类文明的一种形态，它以尊重和维护自然为前提，以人与人、人与自然、人与社会和谐共生为宗旨，以建立可持续的生产方式和消费方式为内涵，以引导人们走上持续、和谐的发展道路为着眼点。生态文明强调人的自觉与自律，强调人与自然环境的相互依存、相互促进、共处共融，既追求人与生态的和谐，也追求人与人的和谐，而且人与人的和谐是人与自然和谐的前提。可以说，生态文明是人类对传统文明形态特别是工业文明进行深刻反思的成果，是人类文明形态和文明发展理念、道路和模式的重大进步[2]。

【农业文明】也称农耕文明，是指由人们在长期农业生产中形成的一种适应农业生产、生活需要的国家制度、礼俗制度、文化教育等的文化集合。其主体包括国家管理理念、人际交往理念以及语言、戏剧、民歌、风俗及各类祭祀活动等，是世界上存在最为广泛的文化集成。

生态文明观强调了人的自觉与自律，强调人与自然环境的相互依存、相互促进、共处共融。这种文明观，同以往的农业文明、工业文明具有相同点，那就是它们都主张在改造自然的过程中发展物质生产力，不断提高人的物质生活水平。但它们之间也有着明显的不同点，即生态文明突出生态的重要，强调尊重和保护环境，强调人类在改造自然的同时必须尊重和爱护自然，而不能随心所欲，盲目蛮干，为所欲为。

很显然，生态文明同物质文明与精神文明既有联系又有区别。说它们有联系，是因为生态文明既包含物质文明的内容，又包含精神文明的内容：生态文明并不是要求人们消极地对待自然，在自然面前无所作为，而是在把握自然规律的基础上积极地能动地利用自然，改造自然，使之更好地为人类服务。在这一点上，它是与物质文明一致的。

生态文明要求人类要尊重和爱护自然，将人类的生活建设得更加美好；人类要自觉、自律，树立生态观念，约束自己的行动，在这一点上，它又是与精神文明相一致的，毋宁说它本身就是精神文明的重要组成部分。说它们有区别，则是指生态文明的内容无论是物质文明还是精神文明都不能完全包容，也就是说，生态文明具有相对的独立性。

因为在生产力水平很低或比较低的情况下，人类对物质生活的追求总是占第一位的，所谓“物质中心”的观念也是很自然的。然而，随着生产力的巨大发展，人类物质生活水平的提高，特别是工业文明造成的环境污染、资源破坏、沙漠化、“城市病”等全球性问题的产生和发展，人类越来越深刻地认识到，物质生活的提高是必要的，但不能忽视精神生活；发展生产力是必要的，但不能破坏生态；人类不能一味地向自然索取，而必须保护生态平衡[2]。

20世纪七八十年代，随着各种全球性问题的加剧以及“能源危机”的冲击，在世界范围内开始了关于“增长的极限”的讨论，各种环保运动逐渐兴起。正是在这种情况下，1972年6月，联合国在斯德哥尔摩召开了有史以来第一次“人类与环境会议”，讨论并通过了著名的《人类环境宣言》，从而揭开了全人类共同保护环境的序幕。这也意味着环保运动由群众性活动上升到了政府行为。伴随着人们对公平（代际公平与代内公平）作为社会发展目标认识的加深，以及对一系列全球性环境问题达成共识，可持续发展的思想随之形成。

1983年11月，联合国成立了世界环境与发展委员会。1987年该委员会在其长篇报告《我们共同的未来》中，正式提出了可持续发展的模式。1992年联合国环境与发展大会通过的《21世纪议程》，更是高度凝结了当代人对可持续发展理论的认识。由此可知，生态文明的提出，是人们对可持续发展问题认识深化的必然结果。

严酷的现实告诉我们，人与自然都是生态系统中不可或缺的重要组成部分。人与自然不存在统治与被统治、征服与被征服的关系，而是存在相互依存、和谐共处、共同促进的关系。人类的发展应该是人与社会、人与环境、当代人与后代人的协调发展。人类的发展不仅要讲究代内公平，而且要讲究代际公平，亦即不能以当代人的利益为中心，甚至为了当代人的利益而不惜牺牲后代人的利益，而必须讲究生态文明，牢固树立起可持续发展的生态文明观。

【工业文明】是指工业社会文明，亦即未来学家托夫勒所言的第二次浪潮文明，它贯穿着劳动方式最优化、劳动分工精细化、劳动节奏同步化、劳动组织集中化、生产规模化和经济集权化等六大基本原则，是以工业化为重要标志、机械化大生产占主导地位的一种现代社会文明状态。

对于“生态文明”概念，有的学者从不同的角度给出了见解。归纳起来，大致有如下四种角度。

一是广义的角度。生态文明是人类的一个发展阶段。如陈瑞清在《建设社会主义生态文明，实现可持续发展》一文中提到的定义。这种观点认为，人类一直以来已经历了原始文明、农业文明、工业文明三个阶段，在对自身发展与自然关系深刻反思的基础上，人类即将迈入生态文明阶段。广义的生态文明包括多层含义。第一，在文化价值上，树立符合自然规律的价值需求、规范和目标，使生态意识、生态道德、生态文化成为具有广泛基础的文化意识。第二，在生活方式上，以满足自身需要又不损害他人需求为目标，践行可持续消费。第三，在社会结构上，生态化渗入社会组织和社会结构的各个方面，追求人与自然的良性循环[3]。

二是狭义的角度。生态文明是社会文明的一个方面。如余谋昌在《生态文明是人类的第四文明》一文中主张的观点，这种观点认为，生态文明是继物质文明、精神文明、政治文明之后的第四种文明。物质文明、精神文明、政治文明与生态文明这“四个文明”一起，共同支撑和谐社会大厦。其中，物质文明为和谐社会奠定雄厚的物质保障，政治文明为和谐社会提供良好的社会环境，精神文明为和谐社会提供智力支持，生态文明是现代社会文明体系的基础。狭义的生态文明要求改善人与自然关系，用文明和理智的态度对待自然，反对粗放利用资源，建设和保护生态环境[3]。

三是生态文明是一种发展理念。这种观点认为，生态文明与“野蛮”相对，指的是在工业文明已经取得成果的基础上，用更文明的态度对待自然，拒绝对大自然进行野蛮与粗暴的掠夺，积极建设和认真保护良好的生态环境，改善与优化人与自然的关系，从而实现经济社会可持续发展的长远目标。

四是制度属性的角度。生态文明是社会主义的本质属性。潘岳在《论社会主义生态文明》一文中认为，资本主义制度是造成全球性生态危机的根本原因。生态问题实质是社会公平问题，受环境灾害影响的群体是更大的社会问题。资本主义的本质使它不可能停止剥削而实现公平，只有社会主义才能真正解决社会公平问题，从而在根本上解决环境公平问题。因此，生态文明只能是社会主义的，生态文明是社会主义文明体系的基础，是社会主义基本原则的体现，只有社会主义才会自觉承担起改善与保护全球生态环境的责任。

生态文明的核心要素是公正、高效、和谐和人文发展[3]。

公正，就是要尊重自然权益实现生态公正，保障人的权益实现社会公正；高效，就是要寻求自然生态系统具有平衡和生产力的生态效率、经济生产系统具有低投入、无污染、高产出的经济效率和人类社会体系制度规范完善运行平稳的社会效率；和谐，就是要谋求人与自然、人与人、人与社会的公平和谐，以及生产与消费、经济与社会、城乡和地区之间的协调发展；人文发展，就是要追求具有品质、品位、健康、尊严的崇高人格。公正是生态文明的基础，高效是生态文明的手段，和谐是生态文明的保障，人文发展是生态文明的终极目的[3]。

生态文明是人类文明的一种形态，它以尊重和维护自然为前提，以人与人、人与自然、人与社会和谐共生为宗旨，建立可持续的生产方式和消费方式为内涵，以引导人们走上持续、和谐的发展道路为着眼点[4]。生态文明强调人的自觉与自律，强调人与自然环境的相互依存、相互促进、共处共融，既追求人与生态的和谐，也追求人与人的和谐，而且人与人的和谐是人与自然和谐的前提。生态文明是人类对传统文明形态特别是工业文明进行深刻反思的成果，是人类文明形态和文明发展理念、道路和模式的重大进步。

文明的转型决定社会政治经济制度的变革。农业文明带动了封建主义的产生，工业文明推动了资本主义的兴起，而生态文明将促进社会主义的全面发展。

马克思主义是对资本主义的超越，包含着对工业文明的反思，从而使生态文明成为马克思主义的内在要求和社会主义的根本属性。恩格斯说："人们会重新感觉到，而且也认识到自身和自然界的一致，而那种把精神和物质、人类和自然、灵魂和肉体对立起来的荒谬的、反自然的观点，也就愈不可能存在了。但是要实行这种调节，单是依靠认识是不够的。这还需要对我们现有的生产方式，以及和这种生产方式连在一起的整个社会制度实行完全的变革。"

生态文明体现了社会主义的基本原则。社会主义生态文明首先强调以人为本原则，同时反对极端人类中心主义与极端生态中心主义。极端人类中心主义制造了严重的人类生存危机；极端生态中心主义却过分强调人类社会必须停止改造自然的活动。生态文明则认为人是价值的中心，但不是自然的主宰，人的全面发展必须促进人与自然和谐。另外，在可持续发展与公平公正方面，生态文明也与当代社会主义原则基本一致。

生态文明应成为社会主义文明体系的基础。社会主义的物质文明、政治文明和精神文明离不开生态文明，没有良好的生态条件，人不可能有高度的物质享受、政治享受和精神享受。没有生态安全，人类自身就会陷入不可逆转的生存危机。生态文明是物质文明、政治文明和精神文明的前提。

生态文明也只能是社会主义的。生态文明作为对工业文明的超越，代表了一种更为高级的人类文明形态；社会主义思想作为对资本主义的超越，代表了一种更为美好的社会和谐理想。两者内在的一致性使得它们能够互为基础，互为发展。生态文明为各派社会主义理论在更高层次的融合提供了发展空间，社会主义为生态文明的实现提供了制度保障。

习近平总书记指出，我们要建设的现代化是人与自然和谐共生的现代化，既要创造更多物质财富和精神财富以满足人民日益增长的美好生活需要，也要提供更多优质生态产品以满足人民日益增长的优美生态环境需要。必须坚持节约优先、保护优先、自然恢复为主的方针，形成节约资源和保护环境的空间格局、产业结构、生产方式、生活方式，还自然以宁静、和谐、美丽。

参考文献：

[1] 本书编写组．毛泽东思想和中国特色社会主义理论体系概论[M]．北京：高等教育出版社，2018：237.

［2］生态文明：人们对可持续发展问题认识深化的必然结果［EB/OL］．（2012－09－14）．中国城市低碳经济网．

［3］生态文明是超越工业文明的社会文明形态［EB/OL］．（2012－10－10）．中国城市低碳经济网．

［4］谢平．生态文明的自然本原［J］．湖泊科学，2016（01）．

第二节　生态文明建设的发展和战略地位

面对资源约束趋紧、环境污染严重、生态系统退化的严峻形势，必须树立尊重自然、顺应自然、保护自然的生态文明理念，走可持续发展道路。

生态文明建设就是把可持续发展提升到绿色发展高度，为后人“乘凉”而“种树”，就是不给后人留下遗憾而是留下更多的生态资产。生态文明建设是中国特色社会主义事业的重要内容，关系人民福祉，关乎民族未来，事关“两个一百年”奋斗目标和中华民族伟大复兴中国梦的实现[1]。党中央、国务院高度重视生态文明建设，先后出台了一系列重大决策部署，推动生态文明建设取得了重大进展和积极成效。

一、生态文明建设的发展

文明是人类文化发展的成果，是人类改造世界物质和精神成果的总和，是人类社会进步的标志。《周易》里说：“见龙在田，天下文明。”唐代孔颖达注疏《尚书》时将“文明”解释为：“经天纬地曰文，照临四方曰明。”“经天纬地”意为改造自然，属物质文明；“照临四方”意为驱走愚昧，属精神文明。在西方语言体系中，“文明”一词来源于古希腊“城邦”的代称[2]。

人类文明经历了三个阶段。第一阶段是原始文明。大约在石器时代，人们必须依赖集体的力量才能生存，物质生产活动主要靠简单的采集渔猎，为时上百万年。第二阶段是农业文明。铁器的出现使人改变自然的能力产生了质的飞跃，为时一万年。第三阶段是工业文明。18 世纪英国工业革命开启了人类现代化生活，为时三百年。从要素上分，文明的主体是人，体现为改造自然和反省自身，如物质文明和精神文明；从时间上分，文明具有阶段性，如农业文明与工业文明；从空间上分，文明具有多元性，如非洲文明与印度文明[2]。

三百年的工业文明以人类征服自然为主要特征。世界工业化的发展使征服自然的文化达到极致；一系列全球性生态危机说明地球再没能力支持工业文明的继续发展。因此，需要开创一个新的文明形态来延续人类的生存，这就是生态文明。如果说农业文明是“黄色文明”，工业文明是“黑色文明”，那生态文明就是“绿色文明”。生态，指生物之间以及生物与环境之间的相互关系与存在状态，亦即自然生态。人类社会改变了这种规律的作用条件，把自然生态纳入人类可以改造的范围之内，这就形成了生态文明。

在人类文明的发展历程中，最初是原始社会的原始文明阶段，而后进入农耕社会的农业文明阶段和后来工业革命带来的工业文明阶段。这三个阶段都离不开生产力的发展，同时文明的更替也是生产力发展所带来的必然结果。这三种文明都解决了当时人类所面临的主要的生存发展问题，同时又不可避免地产生了新的矛盾与困境，从而推动着人类文明不断向前发展。工业文明在带给我们巨量的物质财富的同时，生态环境方面的问题也接踵而至。工业文明中的消极因素逐渐积累而最终形成生态灾难是生态文明出现的背景。

建设生态文明也是文明发展到一定阶段的必然选择，同时也是我们对工业文明所带给环境的沉重压力与恶性结果的反思与新一轮的实践；是我们在生存发展的同时，更加合理、理智地思考我们的行为给大自然带来的伤害：反思我们自己，然后积极改善我们与大自然以及我们社会成员之间的关系，构建良性的生态运行发展机制和更和谐友好的环境，是在此过程中所取得的物质与精神成果。生态文明在人类传统的工业所带来的不合理甚至对环境的过分伤害的自我检讨反思过程中产生，在人类探索与自然和谐相处的生产与生活方式中不断发展。

生态文明是人类文明的一种形态，它以尊重和维护自然为前提，以人与人、人与自然、人与社会和谐共生为宗旨，建立可持续的生产方式和消费方式为内涵，以引导人们走上持续、和谐的发展道路为着眼点[3]。

生态文明强调人的自觉与自律，强调人与自然环境的相互依存、相互促进、共处共融，既追求人与生态的和谐，也追求人与人的和谐，而且人与人的和谐是人与自然和谐的前提。生态文明是人类对传统文明形态特别是工业文明进行深刻反思的成果，是人类文明形态和文明发展理念、道路和模式的重大进步。生态文明的产生基于人类对于长期以来主导人类社会的物质文明的反思，自然资源的有限性决定了人类物质财富的有限性，人类必须从追求物质财富的单一性中解脱出来，追求精神生活的丰富。这样才可能实现人的全面发展，这无疑将使人类社会形态发生根本转变。

党的十八大以来，以习近平同志为核心的党中央站在战略和全局的高度，对生态文明建设和生态环境保护提出一系列新思想新论断新要求，为努力建设美丽中国，实现中华民族永续发展，走向社会主义生态文明新时代，指明了前进方向和实现路径[4]。

二、生态文明建设的战略地位

习近平总书记指出，生态文明建设功在当代、利在千秋。我们要牢固树立社会主义生态文明观，推动形成人与自然和谐发展现代化建设新格局，为保护生态环境作出我们这代人的努力[5]。

习近平总书记强调：建设生态文明，关系人民福祉，关乎民族未来。我们要清醒认识保护生态环境、治理环境污染的紧迫性和艰巨性，清醒认识加强生态文明建设的重要性和必要性，以对人民群众、对子孙后代高度负责的态度和责任，真正下决心把环境污染治理好、把生态环境建设好。这些重要论断，深刻阐释了推进生态文明建设的重大意义，表明了我们党加强生态文明建设的坚定意志和坚强决心。生态文明建设是经济持续健康发展的关键保障，生态文明建设是民意所在民心所向，生态文明建设是党提高执政能力的重要体现[6]。

习近平总书记指出，人与自然是生命共同体，人类必须尊重自然、顺应自然、保护自然。我们要建设的现代化是人与自然和谐共生的现代化，既要创造更多物质财富和精神财富以满足人民日益增长的美好生活需要，也要提供更多优质生态产品以满足人民日益增长的优美生态环境需要。必须坚持节约优先、保护优先、自然恢复为主的方针，形成节约资源和保护环境的空间格局、产业结构、生产方式、生活方式，还自然以宁静、和谐、美丽。

一是要推进绿色发展。加快建立绿色生产和消费的法律制度和政策导向，建立健全绿色低碳循环发展的经济体系。构建市场导向的绿色技术创新体系，发展绿色金融，壮大节能环保产业、清洁生产产业、清洁能源产业。推进能源生产和消费革命，构建清洁低碳、安全高效的能源体系。推进资源全面节约和循环利用，实施国家节水行动，降低能耗、物耗，实现生产系统和生活系统循环链接。倡导简约适度、绿色低碳的生活方式，反对奢侈浪费和不合理消费，开展创建节约型机关、绿色家庭、绿色学校、绿色社区和绿色出行等行动。

二是要着力解决突出环境问题。坚持全民共治、源头防治，持续实施大气污染防治行动，打赢蓝天保卫战。加快水污染防治，实施流域环境和近岸海域综合治理。强化土壤污染管控和修复，加强农业面源污染防治，开展农村人居环境整治行动。加强固体废弃物和垃圾处置。提高污染排放标准，强化排污者责任，健全环保信用评价、信息强制性披露、严惩重罚等制度。构建政府为主导、企业为主体、社会组织和公众共同参与的环境治理体系。积极参与全球环境治理，落实减排承诺。

三是要加大生态系统保护力度。实施重要生态系统保护和修复重大工程，优化生态安全屏障体系，构建生态廊道和生物多样性保护网络，提升生态系统质量和稳定性。完成生态保护红线、永久基本农田、城镇开发边界三条控制线划定工作。开展国土绿化行动，推进荒漠化、石漠化、水土流失综合治理，强化湿地保护和恢复，加强地质灾害防治。完善天然林保护制度，扩大退耕还林还草。严格保护耕地，扩大轮作休耕试点，健全耕地草原森林河流湖泊休养生息制度，建立市场化、多元化生态补偿机制。

四是要改革生态环境监管体制。加强对生态文明建设的总体设计和组织领导，设立国有自然资源资产管理和自然生态监管机构，完善生态环境管理制度，统一行使全民所有自然资源资产所有者职责，统一行使所有国土空间用途管制和生态保护修复职责，统一行使监管城乡各类污染排放和行政执法职责。构建国土空间开发保护制度，完善主体功能区配套政策，建立以国家公园为主体的自然保护地体系，坚决制止和惩处破坏生态环境行为。

建设生态文明，昭示着人与自然的和谐相处，意味着生产方式、生活方式的根本改变，是关系人民福祉、关乎民族未来的长远大计，也是全党全国的一项重大战略任务[7]。

建设生态文明，是关系人民福祉、关乎民族未来的长远大计[8]。生态文明建设不但要做好其本身的生态建设、环境保护、资源节约等，更重要的是要放在突出地位，融入经济建设、政治建设、文化建设、社会建设各方面和全过程，这就意味着生态文明建设既与经济建设、政治建设、文化建设、社会建设相并列从而形成五大建设，又要在经济建设、政治建设、文化建设、社会建设过程中融入生态文明理念、观点、方法[8]。

第一，建设生态文明是实现中华民族伟大复兴的根本保障。历史的教训告诉我们，一个国家、一个民族的崛起必须有良好的自然生态作保障。随着生态问题的日趋严峻，生存与生态从来没有像今天这样联系紧密。大力推进生态文明建设，实现人与自然和谐发展，已成为中华民族伟大复兴的基本支撑和根本保障。

第二，建设生态文明是发展中国特色社会主义的战略选择。100 多年来，我们党的理论创新发生了三次历史性飞跃。第一次是在新民主主义革命时期，创立了毛泽东思想；第二次是在党的十一届三中全会以后，形成了中国特色社会主义理论体系；第三次是党的十八大以来，创立了习近平新时代中国特色社会主义思想，明确了习近平生态文明思想。马克思曾经指出，问题是时代的口号。这些理论创新上的飞跃，都是为了解决时代面临的突出问题，实现中华民族伟大复兴的中国梦。

第三，建设生态文明是推动经济社会科学发展的必由之路。随着我国经济快速发展，资源约束趋紧、环境污染严重、生态系统退化的现象十分严峻，经济发展不平衡、不协调、不可持续的问题日益突出，要求我们必须树立尊重自然、顺应自然、保护自然的生态文明理念，把生态文明建设融合贯穿到经济、政治、文化、社会建设的各方面和全过程，大力保护和修复自然生态系统，建立科学合理的生态补偿机制，形成节约资源和保护环境的空间格局、产业结构、生产方式及生活方式，从源头上扭转生态环境恶化的趋势。

第四，建设生态文明是顺应人民群众新期待的迫切需要。随着人们生活质量的不断提升，人们不仅期待安居、乐业、增收，更期待天蓝、地绿、水净；不仅期待殷实富庶的幸福生活，更期待山清水秀的美好家园。生态文明发展理念，强调尊重自然、顺应自然、保护自然；生态文明发展模式，注重绿色发展、循环发展、低碳发展。大力推进生态文明建设，正是为顺应人民群众新期待而作出的战略决策，也为子孙后代永享优美宜居的生活空间、山清水秀的生态空间提供了科学的世界观和方法论，顺应时代潮流，契合人民期待[7]。

关于生态文明建设的战略任务，党的十八大报告第八部分提出了优、节、保、建四大战略任务[8]。

一是优：优化国土空间开发格局。要按照人口资源环境相均衡、经济社会生态效益相统一的原则，控制开发强度，调整空间结构，促进生产空间集约高效、生活空间宜居适度、生态空间山清水秀，给自然留下更多修复空间，给农业留下更多良田，给子孙后代留下天蓝、地绿、水净的美好家园。加快实施主体功能区战略，推动各地区严格按照主体功能定位发展，构建科学合理的城市化格局、农业发展格局、生态安全格局。提高海洋资源开发能力，坚决维护国家海洋权益，建设海洋强国。

二是节：全面促进资源节约。要节约集中利用资源，推动资源利用方式根本转变，加强全过程节约管理，大幅降低能源、水、土地消耗强度，提高利用效率和效益。推动能源生产和消费革命，支持节能低碳产业和新能源、可再生能源发展，确保国家能源安全。加强水源地保护和用水总量管理，建设节水型社会。严守耕地保护红线，严格土地用途管制。加强矿产资源勘查、保护、合理开发。发展循环经济，促进生产、流通、消费过程的减量化、再利用、资源化[8]。

三是保：加大自然生态系统和环境保护力度。要实施重大生态修复工程，增强生态产品生产能力，推进荒漠化、石漠化、水土流失综合治理。加快水利建设，加强防灾减灾体系建设。坚持预防为主、综合治理，以解决损害群众健康突出环境问题为重点，强化水、大气、土壤等污染防治。坚持共同但有区别的责任原则、公平原则、各自能力原则，同国际社会一道积极应对全球气候变化。

四是建：加强生态文明制度建设。要把资源消耗、环境损害、生态效益纳入经济社会发展评价体系，建立体现生态文明要求的目标体系、考核办法、奖惩机制。建立国土空间开发保护制度，完善最严格的耕地保护制度、水资源管理制度、环境保护制度。深化资源性产品价格和税费改革，建立反映市场供求和资源稀缺程度、体现生态价值和代际补偿的资源有偿使用制度和生态补偿制度。加强环境监管，健全生态环境保护责任追究制度和环境损害赔偿制度。加强生态文明宣传教育，增强全民节约意识、环保意识、生态意识，形成合理消费的社会风尚，营造爱护生态环境的良好风气。

参考文献：

[1] 本书编写组. 毛泽东思想和中国特色社会主义理论体系概论[M]. 北京：高等教育出版社，2018：237.

[2] 人类文明历史的发展演变[EB/OL].（2012-09-14）. 中国城市低碳经济网.

[3] 生态文明的自然本原[J]. 湖泊科学，2016（01）.

[4] 生态文明是超越工业文明的社会文明形态[EB/OL].（2012-10-10）. 中国城市低碳经济网.

[5] 习近平. 加快生态文明体制改革，建设美丽中国[EB/OL].（2017-10-18）. 新华网.

[6] 周生贤. 走向生态文明新时代[EB/OL].（2013-09-02）. 中国城市低碳经济网.

[7] 赵树丛. 建设生态文明　奉献美丽中国[EB/OL].（2013-07-26）. 中国城市低碳经济网.

[8] 我国推进生态文明建设　十方面着手绘蓝图[EB/OL].（2013-07-26）. 中国城市低碳经济网.

第三节　生态文明建设的现状与问题

人类文明起源与发展过程中，人与自然关系的变化孕育着人类文明的发展史。从原始的农耕文明到近代的工业文明，人类对自然的认识、利用和改造达到了前所未有的高度，创造了灿烂的物质文化。人口大爆炸、盲目开荒，以及过度砍伐森林等对资源的破坏性使用方式，导致了自然资源的快速枯绝。人类对自然的过度索求已超过了自然的供给和再生能力，自然生态平衡已面临不可逆转的破坏，人类社会正面临着严峻的生态和环境问题。著名历史学家汤因比曾指出，失衡的人与自然关系直接或间接地主导了历史上某些人类文明的衰落或消亡。人类在创造和享受现代文明的同时，也饱尝了高速发展带来的系列生态环境恶化的苦果：资源和能源短缺、生态环境恶化、温室效应及气候变化导致的自然灾害频发等，促使人类重新思考定义人与自然的关系及人类行为的自然准则，人类开始寻求新的发展模式。

新中国成立初期，在国家经济实力低下、国际关系复杂的情势下，我国制定了“以经济建设为中心”的指导方针，大力发展生产力，以加速从农业国转变为先进的工业国。在高速的经济增长过程中，环境保护和资源节约等问题被置之门外，片面追求以牺牲生态环境为代价的传统粗放型发展模式来维持经济的高速增长。当严峻的环境生态破坏问题逐步凸显时，人们才意识到一味追求经济发展而忽视了日趋严重的生态环境污染问题。马克思曾指出：隐藏在自然环境背后的是人与人、人与社会关系的冲突和对立，自然环境问题的本质是社会问题。严酷的生态环境现状警告我们，人与自然都是生态系统中必不可少的非常重要的组成部分。为了缓解这些问题，我国提出了“退耕还林”“退耕还湖”等一系列的可持续发展措施，将以传统粗放型经济为核心的经济社会发展模式转型至以保护生态环境、人与自然和谐相处为导向的可持续发展道路上，但这些具体实施措施本质上是沿用了西方“事后治理”的方法，没有克服工业文明发展所带来的固有弊病。由于缺乏顶层的制度设计和前瞻性的道路指引，可持续发展策略的实施效果并不十分理想。

20 世纪 90 年代以来，基于可持续发展策略和生态环境保护，国内外学者创造性提出了“生态文明建设”的思想，以应对发展工业文明造成的日趋严重的环境污染问题。我国学者对这一概念进行了丰富的研究，认为生态文明建设与可持续发展概念互为基础和延展。生态文明是基于自然环境和资源为核心要求，衡量人类社会发展需求与自然生态环境承载力的关系，力求实现人类发展和自然环境的和谐相处。生态文明比可持续发展概念具有其鲜明的特点：一是不可逆性。人类社会发展过程中，无数历史证据表明，生态系统遭到破坏后就很难修复或需付出巨大的代价，如生物种群大灭绝事件和黄土高原“发菜”资源破坏性采挖等。二是滞后性。生态环境的破坏对于人类社会经济的影响并没有快速地显现，如外来物种入侵对当地物种多样性的侵害和环境改变需要长时间的观察和影响，生态效应才会显现。三是区域性。全球尺度下的各个区域由于地域、人文和风俗等，面临的问题也不尽相同，生态文明建设需要符合区域特点，实现可持续发展的创新。四是多样性。生态文明建设在符合区域发展条件下，所呈现的表现形式也不同，从国家到地方，乃至社区各个层级的生态文明建设呈现多样化特征。例如，以国土空间优化布局为重点的国家层面的生态文明建设，是按照区域经济发展水平来谋划区域可持续发展的空间规划；而区域层面的生态文明建设则是结合各功能区特点，在区域经济、政治、文化、社会建设的各方面和全过程，着力推行绿色发展、循环发展、低碳发展的可持续发展理念，将生态文明建设理念导入区域经济社会发展规划中；底层社区层面的生态文明建设以推进环境公共服务均等化和倡导节约资源的生活方式为主，将生态文明建设思想普及社区公众，并积极引导社区公众参与[1]。

【延伸阅读】 发菜（*Nostoc flagelliforme Harv.* ex Molinari，Calvo - Pérez & Guiry）是念珠藻科念珠藻属藻类植物，藻体毛发状，平直或弯曲，棕色，干后呈棕黑色。往往许多藻体绕结成团。广泛分布于世界各地，生长于海拔1000—2800米的干旱和半干旱土地贫瘠地区。因其色黑而细长，如人的头发而得名，可以食用。是国家一级重点保护野生植物。

一、生态文明建设的历程

工业文明创造了人类社会经济的辉煌，随之而来的人口大爆发，能源和资源的过度索求，已然超出了地球生态系统的承载。随着全球经济一体化进程的不断加速，西方发达国家将面临着的严重环境挑战以产业链全球布局的形式转移到发展中国家，进一步加剧了经济落后地区对生态环境的破坏。当经济发展与自然资源开发利用和生态环境保护的矛盾日趋严重时，专家学者们意识到经济发展形态已发生改变，需要全盘考虑和平衡经济发展与生态环境保护之间的关系，从发展理念、制度、政策等不同的层面对工业文明发展形态进行了反思，提出了基于生态理性优先原则的经济发展观念，以循环经济和稳态经济为核心理念来实现生态现代化、生态自治，从而构建生态化发展的国家经济发展体系[2]。

1987年联合国世界环境与发展委员会所作的《我们共同的未来》，以及1992年联合国环境与发展大会（里约会议）所发布的《21世纪议程》，开启了可持续发展理念的落地和生态文明的发展道路，为人类构建生态文明的纲领性文件，回顾了过往人类在环境与发展问题上的认知与研究成果，全面论述了人类面临的三大主题——和平、发展和环境问题，挖掘三者之间的内在联系，以可持续发展的理念去阐释人与自然和谐发展的未来方向，为人类指出一条摆脱目前困境的有效途径——生态文明[3]。生态文明是经济社会环境高度统一、协调发展的高级社会形态，是以尊重自然、顺应自然和保护自然为前提的具有新发展方向、内涵和新特征的高级文明形态，是人类文明发展的必然趋势。

生态文明的核心价值观在于将人类经济社会发展纳入人与自然和谐共生以及保护生态环境进行考量，以可持续发展理念和生态环境保护的有机结合来推动人类文明的健康发展。澳大利亚哲学家帕斯摩尔认为，人类在发展过程中应对整个自然界予以关注，对生命和自然界加以重视与保护，以保护人类自己以及子孙后代的利益。总而言之，人类为了保护自身利益和子孙后代的繁衍生息，就必须要倡导生态文明建设，在谋求经济社会发展的同时也必须要爱护自然环境。我国从农业大国向工业强国转型发展的同时，也遇到了西方发达国家同样面临的环境污染问题。

二、我国生态文明建设的探索

为了缓解经济社会发展带来的环境保护问题，我国对保护生态环境和可持续发展道路作出了有益的探索。1973 年，国务院召开第一次全国环境保护会议，开启了我国环境保护事业的新篇章；随后的第二次全国环境保护会议，明确在工业化改造和城镇化改革过程中，将环境保护列在首位，并确立为基本国策。1987 年，在我国生态农业问题讨论会上正式提出了“生态文明”这一概念。诸多国内专家学者进一步释延了生态文明的概念及内涵，统筹生态文明与社会主义核心价值观、科学发展观理论、构建人与自然和谐社会等观念，将物质文明、精神文明和生态文明有机结合，融入现代文明的范畴并形成了具有中国特色的生态文明理论框架体系[4]。从目前我国生态文明领域研究学者的成果可以看出，生态文明建设在当代中国社会发展中仍处在初步的探索阶段，但生态文明建设的主旨与我国构建和谐社会的长期规划不谋而合，两者皆体现了科学发展观的核心思想。为了进一步在全社会树立和巩固生态文明观念，党的十七大报告明确提出“建设生态文明，基本形成节约能源资源和保护生态环境的产业结构、增长方式、消费模式”的社会发展目标，把建设生态文明列入全面建成小康社会奋斗目标的新要求。党的十八大报告更是拓展了这一理念，将“把生态文明建设放在突出地位，融入经济建设、政治建设、文化建设、社会建设各方面和全过程，努力建设美丽中国，实现中华民族永续发展”提升到了新的政治高度，将认知思想的程度、联系群众的广度、出台制度的频度、创新技术的强度、治理污染的力度、改善环境的速度、督察执法的尺度等一系列环境问题提上了日程。习近平总书记把生态文明建设与“经济建设、政治建设、文化建设、社会建设”相提，作为建设中国特色社会主义事业总体布局并形成“五位一体”的战略布局：以生态文明建设为基础，以经济建设为根本，以政治建设为保障，以社会建设为条件，以文化建设为灵魂，创新我国环境与发展理论，以实现现代中国社会发展赋予的时代主题，实现科学发展的必由之路。党的十八届三中全会在《中共中央关于全面深化改革若干重大问题的决定》中对如何加快生态文明制度建设进行了全面的阐述。推行生态文明建设，必须建立起系统完整的生态文明制度体系，以最严格的源头保护制度、损害赔偿制度和责任追究制度，来完善环境治理和生态修复体系建设，用制度来保护生态环境。

2017 年 10 月，党的十九大再次强调建设生态文明是中华民族永续发展的千年大计，人与自然是生命共同体，加快生态文明建设，构建人类命运共同体。“人与自然和谐共生”成为当今中国新时代坚持和发展中国特色社会主义的基本方略；以“建设美丽中国”为全面建设社会主义现代化强国的伟大目标，把生态文明建设和生态环境保护提升到前所未有的战略高度。2018 年 3 月，全国“两会”将“生态文明”写入《宪法》。同年 5 月召开的全国生态环境保护大会，确立了习近平生态文明思想，提出新时代推进生态文明建设必须坚持的原则：“坚持人与自然和谐共生”“绿水青山就是金山银山”“良好生态环境是最普惠的民生福祉”“山水林田湖草是生命共同体”“用最严格制度最严密法治保护生态环境”“共谋全球生态文明建设”……系统回答了“为什么建设生态文明、建设什么样的生态文明、怎样建设生态文明”等重大理论和实践问题，使党对生态文明建设规律的认识提升到一个新高度[5]。

党的十九届五中全会提出要加快构建生态文明体系，加快建立生态文化体系、生态经济体系、目标责任体系、生态文明制度体系和生态安全体系，促进经济社会发展全面绿色转型。近年来，党中央、国务院出台了一系列重大决策部署，推动生态文明建设取得了重大进展和积极成效。“生态兴则文明兴，生态衰则文明衰”“保护生态环境就是保护生产力，改善生态环境就是发展生产力”，这是发展理念和方式的深刻转变，也是执政理念和方式的深刻变革。生态文明建设从“两山”理论角度来说，可划分为具有递进关系的三个层次：第一层次是工业文明时代的发展思想——用绿水青山去换金山银山；第二层次是时代转型过渡期的发展思想——既要金山银山，也要绿水青山；第三层次是生态文明时代的发展思想——绿水青山本身就是金山银山。良好的生态环境，是最公平的公共产品，也是最普惠的民生福祉[6]。随着新时代的到来，人民群众从“求生存”到“求生态”、从“盼温饱”到“盼环保”的生活需求理念的转变，对经济发展形态提出了更高的要求，对干净水质、绿色食品、清新空气、优美环境等生态的需求更为迫切。

生态文明建设注定是一场持久战、攻坚战。从本质上说，建设生态文明是一种生产关系的变革，必定带来生产方式、生活方式、思维方式和价值观念的深刻调整。工业文明时代刻意追求经济快速发展所带来的环境保护、污染治理不可能一蹴而就，在当前和今后一个较长的时期内，加快推进生态文明体系的建设和牢固树立尊重自然、顺应自然、保护自然的理念来指导生产方式和经济发展模式的变革，协同推进新型工业化、城镇化、信息化、农业现代化和绿色化，坚持把节约优先、保护优先、自然恢复作为基本方针，把绿色发展、循环发展、低碳发展作为基本途径，推动生态文明建设在中国大地落地生根[7]。

1. 播撒绿色梦想，凝聚生态共识

2015 年，中共中央、国务院正式公布《关于加快推进生态文明建设的意见》，首次提出“绿色化”概念，播种下了“环境就是民生，青山就是美丽，蓝天也是幸福”的绿色梦想。习近平总书记强调，走向生态文明新时代，建设美丽中国，是实现中华民族伟大复兴的中国梦的重要内容。绿色梦想，作为中华民族伟大复兴中国梦的重要组成部分，成为推动社会主义经济发展转型升级的“绿色动力”。当前，生态文明建设有了顶层设计和总体部署，社会主义建设总体布局的“绿色谱系”已然形成。全社会对生态文明建设的高度重视，以及人民群众对良好生态环境的需求与日俱增，绿色转型发展成为解决经济社会发展的资源环境瓶颈最根本的绿色方案。

如何处理好环境保护与经济发展的关系，防止寅吃卯粮、竭泽而渔？如何把生态理念化为生活方式，既要富裕生活也要绿色生活？平衡保护与发展、生活与绿色理念之间的关系，成为凝聚生态意识的关键。坚持发展决策过程中的“生态方法论”和生活中树立“生态价值观”，才能将生态环境保护融入经济建设决策和生活方式转变中。润物细无声，将生态意识落实到地区发展、企业竞争和个人生活等具体问题中，在行动中凝聚起共识，在共识上推进行动，只有在更广泛、更深入、更具体的层次上凝聚起最广泛的生态共识“像保护眼睛一样保护生态环境，像对待生命一样对待生态环境”汇集为最强大的生态合力，才能把生态文明建设蓝图逐步变为现实，开创生态文明的中国新时代[8]。

2. 普及生态文明，推动绿色转型

我国公众的生态文明意识仍处于“认同度高、知晓度低、践行度不够”的阶段，如何将生态文明的理念贯穿到人民群众生产生活的方方面面，成为生态文明建设体系的首要因素，向人民群众普及生态文明概念、内涵和理念，将生态文明纳入社会主义核心价值体系，形成人人、事事、时时崇尚生态文明的社会新风尚。挖掘传统家训、祖训里蕴藏的朴素生态思想，以点带面从基层传播和普及生态文明理念。福建省的一个小山村，一条禁砍禁伐山林的祖训至今传承了600年，造就了195公顷的万木林。由此可见，运用各种接近老百姓生活的方式，把生态文明的理念普及到生产生活某一方面，将会产生巨大的生态价值。

“绿色化”概念一经提出，就与原有的“新四化”（新型工业化、城镇化、信息化、农业现代化）协同推进，提升到了一个新的政治高度。这是一次重大的理论创新，赋予了生态文明建设新的内涵，拓展了生态文明建设的内容，也明确了建设美丽中国的实践路径。“绿色化”涵盖两个方面的内容：生产方式和生活方式的绿色化，具体要求是建立高科技含量、低资源需求、环境友好型的产业结构，以有效降低资源环境代价来大幅提高经济绿色化程度；以提倡和普及绿色生活方式来提高全民生态文明意识，推动全民在衣、食、住、行、游等方面加快向勤俭节约、绿色低碳、文明健康的方式转变，树立崇尚生态文明的“生态价值观”[9]。

“绿色化”是生态文明建设中可持续发展战略的具体化和明确化，也是政府、企业和公众的共同责任。克服和转变保护生态与发展生产力对立起来的传统思维是推动生产生活的绿色转型的前提，其核心关键在于短期经济发展利益的取舍。在实践中，如何改变不合理的环境代价高的落后产业结构，改善资源利用方式、能源结构、空间布局和生活方式，以绿色发展、循环发展、低碳发展为驱动力，探索经济社会发展与生态环境保护共赢的新道路，成为当今中国经济发展向绿色发展转型的长期研究课题。

3. 完善目标责任评价，夯实制度保障

任何一种文明形态的产生和发展都有着自己的制度支撑，生态文明不仅仅是一种理念和实践，也体现为一套完整的制度形态。它不仅是一场关乎产业结构升级和生产方式变革的“绿色革命”，也是一场行为模式、生活方式和价值观念的全民意识更新。中共中央、国务院在《关于加快推进生态文明建设的意见》中明确指出，要“加快建立系统完整的生态文明制度体系”，对生态文明建设的法治化、制度化进程作出了周密的部署，从更高层次推动我国生产方式和经济发展的转变以及政府治理观念的革新。从环境保护制度到生态制度是生态文明发展水平提高的重要标志，也是突破生态文明建设瓶颈的有效手段[10]。生态文明制度建构过程，国家层面的影响因素在于国家意识形态的转变，即确立“保护环境就是保护公众的生命权”的绿色执政理念，高度重视公众生态权利的保护，确保公众捍卫环境安全的权利、参与环境保护的决策权和监督权。经济层面的影响因素在于企业和社会价值观的变革，即确立企业的环境责任意识。公众意识层面的影响因素在于公众的生态伦理和健康节约、环保的生活方式的转变。制度层面的影响因素在于法律制度和执法体系的完善和执行，以法律的形式约束企业和民众的行为，制定一系列促进生态建设和环境保护的法规制度和建立完备的执法体系，以形成政府监管、公众参与和企业自律的立体式互动关系，健全和完善生态文明建设标准。

生态文明建设在经济发展模式和生产方式变革方面要实现根本性变革，离开制度和法治的保障是难以想象的。只有完善的生态制度和法律，才能从源头上遏制种种基于利益冲动对环境生态的破坏行为，为生态文明建设保驾护航。为了使生态制度的引导和规范作用更加突出，打造美丽中国的“生态制度屏障”，我国建立了体现生态文明要求的目标体系、考核办法、奖惩机制，把资源消耗、环境损害、生态效益纳入经济社会发展评价体系，完善生态发展成果考核评价体系，纠正单纯以经济增长评定政绩的偏向，加大资源消耗、环境损害、生态效益等指标的权重等一系列生态文明目标责任评价体系[11]。中国生态文明研究与促进会立足于党中央、国务院关于生态文明建设的总体部署和要求，历经两年多的调查研究和反复论证，建立了省域生态文明状况指数评价体系，对各省域2013年度生态文明状况开展试评价。以国家“十二五”相关规划目标为基准，对“十二五”规划涉及的省域生态空间、生态经济、生态环境、生态文化、生态生活和生态制度等六大领域，依据国家主管部门公开发布的权威数据，对各省域生态文明状况进行了评价分析。

1999 年以来，全国 16 个省（自治区、直辖市）开展了生态省建设规划，70% 的省份生态文明状况综合指数较好，省域生态文明建设成效明显。省域生态文明状况六大指标体系详细评价结果显示各省域的生态空间状况受自然条件影响，差异明显。省域生态经济发展总体评价表明，我国省域生态经济进步率总体偏低，首都和沿海发达地区生态经济领先于其他经济落后和西部地区，但西部地区贵州省的生态经济上升率却异军突起，进步率达 8.5%，各省域仍须进一步加快经济绿色化转型改革。生态环境领域方面，生态环境与生态空间领域呈一定的正相关性，与生态经济、生态生活等领域呈负相关性，表明经济发达地区对生态系统服务功能和空间开发格局的优化显著影响环境质量状况；而经济落后地区生态环境仍处在低水平的规划设计，生态意识普及和推广程度仍然较低，环境质量状况没有得到足够的重视，生态环境保护工作任重道远，仍须坚持不懈地设计推进[12]。

生态生活与生态经济领域密切相关，相对于西部地区，经济发达的东部地区的生态生活发展水平明显优于前者。综合分析，2010—2013 年全国各地生态生活发展水平总体呈现稳步上升态势，西部地区如甘肃、海南、宁夏等省（区）的生态生活发展水平进步显著。各省域生态文化建设仍处于摸索着前进的阶段，相关数据统计表明，2010—2013 年各省生态文化建设大都呈现提升态势，生态文化建设力度在不断加大。生态制度保障建设方面，各省域受国家和地区等政策性生态保护和建设的投入影响，差异较大。

总体而言，受省域经济结构、科技水平等多种因素的影响，生态文明建设进度较慢，省域生态文明建设发展极不均衡，各地仍在努力探索适合地区经济发展的绿色转型模式和路径，总体态势良好。因此，稳步推进生态文明建设的重中之重在于要把生态制度建设作为首要目标，以生态红线管制、自然资源资产管控以及离任审计等为突破口，用法制确保生态环境不再恶化；要充分发挥政府宏观调控和市场在资源配置中的决定性作用，把生态环保产业打造成为新兴产业和新的经济增长点，把绿色发展转化为新的综合国力和国际竞争新优势；持续不断地推进生态省（市、县）和生态文明示范区建设。

三、生态文明建设存在的问题

综观发达国家生态文明建设的进程，不难得出这样的结论：生态文明建设绝不仅仅是环保领域、企业生产和公众意识方面的简单行为，它是一个复杂的社会系统建构进程。与发达国家相比，我国生态文明建设处于起步阶段，生态文明建设仍面临生态环境保护压力叠加、经济发展与环境保护负重前行的关键时期，生态环境保护与经济发展累积的长期矛盾和短期问题相互交织，在结构性、根源性、趋势性所带来的生态环境保护压力尚未得到根本性缓解。不可否认的是，我国对于生态环境建设和保护付出了很大的代价，也取得了一定的成绩。但是，由于人口众多、自然环境脆弱和气候异常等因素的影响，过去经济建设快速发展所导致的生态退化和恶化具有滞后性，未能快速扭转总体趋势，生态与环境恶化态势仍然十分严峻。

回顾我国生态环境恶化和退化产生的历史原因和客观因素，人为的、不科学的和不合理的经济社会行为和粗放式的资源开发利用是主要原因[13]，主要表现在：

1. 资源消耗大，能源结构单一

作为世界人口最多的国家，人均资源占有量远低于世界平均水平。人口增长压力与环境承载，经济发展与环境保护力度的强化均处于不平衡的状态。当前，我国经济增长仍有赖于粗放型经济发展方式且已深入社会的各个领域，这种粗放型经济发展模式是建立在能源消耗较高、生态环境破坏较大的基础上的，在推动经济增长的同时破坏了生态环境的平衡性。中国已成为煤炭和有色金属的世界第一消费大国，继美国之后的世界第二石油和电力消费大国，对铁矿石、氧化铝和水泥等矿产资源的需求量巨大。但由于资源开发利用工艺仍处于较低水平，许多行业和地区对资源利用效率低、浪费大。高消耗换来的低增长，导致废弃物排放多、环境污染严重。因此，中国单位 GDP 的废水、固体废弃物排放的水平远高于发达国家，即单位产值的消耗强度远高于世界平均水平。在一定的发展时期，GDP 增长率曾是评价地方官员政绩的重要指标之一，致使有些地方官员为追求一时的经济发展速度，罔顾经济发展规律，一味追求地方经济建设的“辉煌成果”，造成生态环境严重破坏，区域可持续发展受到极大影响。事实证明，单纯的 GDP 增长指标不能全面真实地反映问题，它没有体现经济增长过程中的环境损失和资源消耗成本，留下了长远的隐患。

“十四五”开局之年，在习近平生态文明思想的指引下，我国持续稳步地推进生态文明建设，提升生态文明建设水平。据相关数据统计，2021 年我国能源生产稳定增长、能源利用效率持续提升、能源消费结构进一步优化、终端用能电气化水平加快提高，单位国内生产总值能耗比 2020 年下降 2.7%。2012 年以来我国单位国内生产总值能耗累计降低 30%，能源利用效率显著提高。据测算，“十四五”期间，单位 GDP 能耗降幅每扩大 1 个百分点，每年可减少能源消费 0.5 亿吨标准煤以上，相应减少二氧化碳排放 1 亿吨以上。然而也要看到，由于产业结构偏重、投资占比偏高，我国单位 GDP 能耗约为 OECD（经济合作与发展组织）国家的 3 倍、世界平均水平的 1.5 倍，下降空间仍然较大，且随着经济的快速发展，资源需求量亦随之增加，我国仍然面临着巨大的资源和生态安全压力[14]。

【国内生产总值（Gross Domestic Product，GDP）】是一个国家或地区所有常住单位在一定时期内生产活动的最终成果。GDP 是国民经济核算的核心指标，也是衡量一个国家或地区经济状况和发展水平的重要指标。

我国生态文明建设过程中面临诸多的问题，其中最突出的是“三个没有根本改变”，即以重化工为主的产业结构、以煤为主的能源结构和以公路货运为主的运输结构没有根本改变；污染排放和生态破坏的严峻形势没有根本改变；生态环境事件多发频发的风险态势没有根本改变。世界正面临着前所未有之大变局，要实现中国经济腾飞及中华民族伟大复兴的中国梦，须进一步加快生态文明建设，解决生态文明建设进程中所面临的诸多问题。

2. 生态文明理念和绿色新发展观念尚未落实

工业化进程的不断加速，越来越多的人意识到工业文明时代经济发展观存在缺陷，高速经济增长所带来的生态环境破坏问题已日趋严重。工业文明时代区域经济发展不平衡导致对生态文明理念和绿色发展观念的理解也出现较大的偏差。2020 年第七十五届联合国大会一般性辩论上，习近平总书记提出我国 2030 年前实现碳达峰，到 2060 年前实现碳中和的目标。2021 年中共中央政治局第二十九次集体学习时，习近平总书记指出，“十四五”时期，我国生态文明建设进入了以降碳为重点战略方向、推动减污降碳协同增效、促进经济社会发展全面绿色转型、实现生态环境质量改善由量变到质变的关键时期。实现低碳发展已经成为中国未来中长期发展的重要内容。《中共中央　国务院关于完整准确全面贯彻新发展理念做好碳达峰碳中和工作的意见》指出，实现碳达峰、碳中和，是以习近平同志为核心的党中央统筹国内、国际两个大局作出的重大战略决策，是着力解决资源环境约束突出问题、实现中华民族永续发展的必然选择，是构建人类命运共同体的庄严承诺。2022 年 3 月，国务院总理李克强在第十三届全国人民代表大会第五次会议上作政府工作报告，提出有序推进碳达峰碳中和工作、落实碳达峰行动方案、推动能源革命和推进能源低碳转型等系列举措，进一步加快了我国生态文明建设的步伐。但是，生态文明建设过程中，经济发达的东中部地区因产业结构调整所淘汰的落后产能，通过技术转移至经济落后和不发达的西部地区，原有生态空间规划无法满足淘汰产能的需要，加上一些省份对碳达峰、碳中和存在模糊认识，部分地区生态意识淡薄，基于地方利益驱动，有接转淘汰产能上马高耗能、高排放项目的冲动，给全国碳达峰、产业结构和能源结构调整、环境和大气污染治理等带来巨大的生态风险和挑战[15]。

【碳达峰（peak carbon dioxide emissions）】 指在某一个时点，二氧化碳的排放不再增长达到峰值，之后逐步回落。碳达峰是二氧化碳排放量由增转降的历史拐点，标志着碳排放与经济发展实现脱钩，达峰目标包括达峰年份和峰值。

【碳中和（carbon neutrality）】 指国家、企业、产品、活动或个人在一定时间内直接或间接产生的二氧化碳或温室气体排放总量，通过植树造林、节能减排等形式，以抵消自身产生的二氧化碳或温室气体排放量，实现正负抵消，达到相对“零排放”。

3. 生态法治建设薄弱，数字生态治理能力不强

在生态法治建设方面，我国已颁发了一系列与生态安全相关的法律法规，如《中华人民共和国可再生能源法》《中华人民共和国清洁生产促进法》《中华人民共和国循环经济促进法》《中华人民共和国水污染防治法》《中华人民共和国生物安全法》和《中华人民共和国野生动物保护法》等，在生态环境保护和生态制度普及等方面起到了积极作用。但目前中国诸多生态环境问题的频发，一定程度上归因于已颁布法律法规的局限性，未能达到规范化、体系化的要求，无法形成完整的生态文明制度体系以适应生态资源综合性保护的要求。此外，生态文明建设过程中，自然资源资产保护、自然资源修复等方面的法律制度仍然空白，一些地区因缺乏足够的生态制度意识而轻视生态执法的力度，执行力不足。以白色污染防治为例，2008 年起全国各地区相继实施了从“限塑令”到“禁塑令”的白色污染防治工作，从初始停止供应免费一次性购物袋到明令禁止使用不可降解塑料袋，仍然有部分商户和小型市场未落实“限塑令”“禁塑令”的相关要求，对顾客仍然无偿提供一次性塑料购物袋。

为有效防治环境污染和生态破坏，我国开始推行生态补偿制度，经济发达地区帮扶和弥补江河流域上游经济落后地区，以促进执行严格生态保护政策的不发达地区经济发展，平衡生态环境保护与当地民生维持和生态资源合理开发的关系，相继采取了一定的具体政策扶持和经济补偿措施。但总体来看，生态补偿机制对区域经济发展和民生维持的效果不甚理想。此外，因生态保护的意识和认知不强，区域生态执法能力略显不足，公众生态环境保护法治素养仍处于较低水平，生态法律对部分民众的破坏生态行为约束效果不理想。随着社会的发展进步，广大民众意识到维护生态平衡和保护野生动物的重要性，国家也出台了《中华人民共和国野生动物保护法》并修订了野生动植物保护名录，从法律层面强化了对野生动植物的保护。但是，由于区域发展不平衡及民俗文化的影响，野生动物的滥捕滥食的现象依然存在，生态法治建设还需进一步加强[16]。

得益于科技革命的深入发展，数字技术从理论变成了现实并逐步走入我国的各个领域，正式宣告数字化时代的到来。党的十八届五中全会提出实施大国数据战略，为我国生态环境保护治理提供了新的理念、新的技术手段和新的监管体系。2018 年以来，以数字技术为核心的颇具地方特色的智慧环保创新案例不断涌现，体现了数字技术对生态文明体系建设的巨大促进作用。在数字革命推动生态文明建设的同时，我们也要清醒地认识到区域经济发展对于数字革命的理解和发展仍存在巨大的鸿沟，数字生态治理技术往往掌握在少数经济较为发达和成熟的大、中型城市，经济不发达的部分地区因基础设施相对落后且缺乏相应的人才队伍无法搭建数字化的生态治理体系。此外，“各自为政”的数字生态治理

阻碍了跨区域间的数字生态治理交流与合作，数据共享及数据序列不匹配导致难以形成统一的数字生态治理体系，无法满足生态文明建设的需要[17]。

4. 公众参与程度低，政府治理主导作用薄弱

近年来，随着环保宣传力度的加大、新媒体对突发性生态环境事件的快速传播，大多数公民对生态环境状况的重视程度有所提升，生态环境危机感越来越强。与生活密切相关的食品安全事件、水和空气的污染、工业废弃物处置和城市垃圾回收等成为公众重点关注的话题。教育程度的提高和新媒体对环保知识的广泛宣传，公众对日常环保知识有了更深的认识和理解，如废旧电池对环境的危害，含磷洗衣粉的过度使用会造成水体富营养化，工业废气和汽车尾气的大量排放不仅会污染大气引起城市雾霾，还会导致温室效应，引起气候变化导致全球变暖现象、自然灾害增多等。对工业“三废”、酸雨、全球变暖、臭氧层破坏、海洋污染和生物多样性降低等常见的生态环保用语并不陌生，但是对这些环保问题的含义、成因和对生态的危害程度及治理方案等较深层次的内容并没有深入的了解[18]。相关数据显示，大多数公众关心和关注生态环境问题主要出于利己主义，对于与自身生活密切相关的大气污染、水污染、城市绿地、食品安全等极为关心，在人类永续发展的视野来看待环保宣传、义务植树造林等内涵建设问题上总是显得有些漠视。进一步的调查结果显示，90%以上的公众关心生态环境问题是基于自身和家人健康的需要，对社区和社会发展的关心仅有三成，对于人类发展和造福后代的关注更是寥寥无几[19]。

我国从国家层面制定了对生态文明意识向公众普及的政策和指引，但是公众参与生态文明建设的机制、参与方式和渠道仍未有具体的措施，公民对生态文明的内涵、系统知识的认知较为肤浅。公众的生态文明理念教育仍然没有提上政府的具体日程，公众对于生态文明建设的认知度、认同感、参与度不强，使得广大公民参与生态文明建设的各领域、各方面、各环节的积极性不高。因此，需要高度重视和发挥非政府组织在生态文明建设中的积极作用，营造企业履行社会责任的社会环境，从而引导公众积极参与生态文明建设，关心和关注生态环境保护对建设“美丽中国”的重要性和意义[20]。

生态环境治理是生态文明建设的一个重难点问题，也是一个耗时费力的系统工程。党的十八大以来，我国持续推进生态文明建设，出台了一系列政策和相关措施，生态环境质量得到了明显改善。但现行的生态环境治理仍是以行政干预手段为主，而基于生态文明理念的环境经济政策手段尚未有效落实，不能很好地适应生态文明建设的新目标和新要求。各级地方政府在生态环境治理过程中，仍然遵循过去陈旧的经济发展模式，对地方经济发展的热情远大于生态环境保护，在生态环境治理方面仍存在“新官不理旧账”“新官怕理旧账”的问题，无法发挥政府在生态环境治理过程中的主导作用。究其原因在于，我国仍

然处于以 GDP 为核心的经济发展模式，政府的职能多以“经济至上”为中心，难以摆脱 GDP 的束缚。在这种发展背景下，政府势必会追求短期美观的 GDP 数据而牺牲生态环境为代价，为经济发展保驾护航，漠视全社会公众的环境利益[21]。在关乎生态环境安全的项目立项时，政府一边扮演着项目主导的角色，一边因急于立项追求短期利益而与企业捆绑在一起，忽视了潜在的生态安全和政府主导的中立原则，没有妥善地统筹兼顾全局，带来了一系列的生态环境问题。此外，现代民主政治理念下的政府部门间的职能分工边界比较模糊，在发挥生态文明建设中的统筹引导、规范协调、监管维护等作用时，会发生理解和执行层面上的偏差，从而导致政府部门职能发生重叠、交叉现象。在政府自身角色与定位不明晰时，就很容易发生推诿现象，从而影响政府在生态文明建设中的引导功能。因此，可实行以绿色 GDP 为主要内容的生态经济核算和考评制度，以资源节约和生态环境保护为绩效评价标准，完善生态文明制度和监管技术手段，实施目标责任管理，落实各级政府、职能部门和企业节能减排的责任制和问责制，切实强化政府在生态文明建设中的主导地位和作用[22]。

参考文献：

[1] 刘长松．我国生态文明建设的现状问题与提升路径[J]．发展研究，2017（07）：28－32.

[2] 吴会．国内外生态文明建设发展现状[J]．青年与社会，2019（06）：239－240.

[3] 徐菲菲，薛景华．生态文明意识与经济发展[J]．商场现代化，2007（02）：390－391.

[4] 曾珠．中国生态文明建设的现状与未来[J]．现代经济探讨，2008（05）：81－84.

[5] 高敬，于文静，胡璐．瞭望・治国理政纪事丨以习近平生态文明思想引领美丽中国建设[EB/OL]．（2021－06－07）．新华社客户端．

[6] 史聆聆，李萌，何磊，等．我国生态文明体系现状及问题建议[J]．环境与可持续发展，2021，46（03）：127－133.

[7] 人民日报评论员．抓好生态文明建设这项政治任务——一论深入推进生态文明建设[N]．人民日报，2015－05－06.

[8] 人民日报评论员．凝聚中国社会的“生态共识”——三论深入推进生态文明建设[N]．人民日报，2015－05－11.

[9] 人民日报评论员．推动生产生活的绿色转型——二论深入推进生态文明建设[N]．人民日报，2015－05－11.

[10] 人民日报评论员．打造美丽中国的“制度屏障”——四论深入推进生态文明建设[N]．人民日报，2015-05-12.

[11] 郭静利，郭燕枝．我国生态文明建设现状、成效和未来展望[J]．农业展望，2011，7（11）：34-38.

[12] 中国生态文明研促会．中国省域生态文明状况试评报告发布[R]．2015-06-09.

[13] 李虹俐．我国生态文明建设存在的问题与对策[J]．法制与社会，2017（12）：157-158.

[14] 李克强．国务院政府工作报告．2021-03-05.

[15] 张志强．全球视野下的碳达峰碳中和及对我国的启示[OL]．（2022-03-16）．中国社会科学网．

[16] 周梦瑶．新时代我国生态文明建设问题与对策研究[D]．石家庄：河北师范大学，2021.

[17] 中华人民共和国国民经济和社会发展第十四个五年规划和2035年远景目标纲要．北京：人民出版社，2021.

[18] 杜鹃．牢固树立绿色发展理念研究——公民环境意识培养途径探析[J]．中共桂林市委党校学报，2016，16（02）：61-64.

[19] 汪祥松，温卓．新时代公民生态环境意识培养路径探析[J]．长白学刊，2020（05）：125-132.

[20] 胡荣荣．生态文明建设公众参与探析——以环境决策为例[J]．河北环境工程学院学报，2021，31（04）：91-94.

[21] 吕苾霄．当前我国在生态文明建设方面存在的问题及应对[J]．科技视界，2019（01）：249-250.

[22] 路军．我国生态文明建设存在问题及对策思考[J]．理论导刊，2010（09）：80-82.

本章知识拓展与讨论思考

知识拓展：

1. 周晋峰：以生态文明为指导，构建绿色工程（上）

2. 周晋峰：以生态文明为指导，构建绿色工程（中）

3. 周晋峰：以生态文明为指导，构建绿色工程（下）

讨论思考：

1. 生态文明建设的内涵是什么？我国为何要推行生态文明建设？

2. 我国生态文明建设的战略任务是什么？

3. 请阐释我国生态文明建设面临的问题及其解决路径。

4. 我国生态文明建设“五位一体”的总体布局是什么？如何从不同的角度来理解生态文明建设的概念和要求？

第三章

生态文明建设与可持续发展

第一节　可持续发展的内涵

一、可持续发展的定义和要素

可持续发展是在20世纪80年代提出的一个新的发展观。它的提出是应时代的变迁、社会经济发展的需要而产生的，是人们对人类进入工业文明时期以来所走过的道路进行反思的结果。

由于可持续发展涉及自然、环境、社会、经济、科技、政治等诸多方面，作为一个具有强大综合性和交叉性的研究领域，可持续发展涉及众多的学科，可以有不同重点的展开。例如，生态学家着重从自然方面把握可持续发展，理解可持续发展是不超越环境系统更新能力的人类社会的发展[1]；经济学家着重从经济方面把握可持续发展，理解可持续发展是在保持自然资源质量和其持久供应能力的前提下，使经济增长的净利益增加到最大限度；社会学家从社会角度把握可持续发展，理解可持续发展是在不超出维持生态系统涵容能力的情况下，尽可能地改善人类的生活品质；科技工作者则更多地从技术角度把握可持续发展，把可持续发展理解为是建立极少产生废料和污染物的绿色工艺或技术系统[2]。

全球具有较大影响的可持续发展概念可分为以下几类。

1. 侧重于从自然属性定义的可持续发展。较早的时候，持续性这一概念是由生态学家首先提出来的，即所谓生态持续性（ecological sustainability）。它旨在说明自然资源及其开发利用程度间的平衡。1991年11月，国际生态学联合会（INTECOL）和国际生物科学联合会（IUBS）联合举行了关于可持续发展问题的专题研讨会。该研讨会的成果发展深化了可持续发展概念的自然属性，将可持续发展定义为“保护和加强环境系统的生产和更新能力”，其含义为可持续发展是不超越环境，是系统更新能力的发展[3]。从生物圈概念出发定义可持续发展，是从自然属性方面表述可持续发展的另一种代表，即认为可持续发展是寻求一种最佳的生态系统，以支持生态的完整性和人类。

2. 侧重于从社会属性定义的可持续发展。1991年，世界自然保护联盟、联合国环境规划署和世界野生生物基金会共同发表的《保护地球——可持续生存战略》提出可持续发展，并将其定义为在生存不超出维持生态系统涵容能力的情况下，提高人类的生活质量。强调了人类的生产方式与生活方式要与地球承载能力保持平衡，保护地球的生命力和生物多样性，同时，又提出了人类可持续发展的价值观和130个行动方案，着重论述了可持续发展的最终落脚点是人类社会，即改善人类的生活质量、创造美好的生活环境。《保护地球——可持续生存战略》认为，各国可以根据自己的国情制定各不相同的发展目标。但是，只有在发展的内涵中，包括有提高人类健康水平、改善人类生活质量和获得必须资源的途径，并创造一个保障人们平等、自由、人权的环境，发展只有使我们的生活在所有这些方面都得到改善，才是真正的发展[4]。

【保护地球——可持续生存战略】是关于在地球自然承载阈值内实施可持续生存战略的纲领性文件。主要面向国家领导人、政府部门和政府组织的首脑以及工商界、地方、非政府组织的领导。宗旨是为人类生存发展的政策和行动提供内容广泛而实用的指南。

3. 侧重于从经济方面定义的可持续发展。爱德华·巴比尔在其著作《经济、自然资源：不足和发展》中把可持续发展定义为“在保持自然资源的质量及其所提供服务的前提下，使经济发展的净利益增加到最大限度”。还有的学者提出，可持续发展是“今天的资源使用不应减少未来的实际收入”“当发展能够保持当代人的福利增加时，也不会使后代的福利减少”等。定义中的经济发展已不是传统的以牺牲资源和环境为代价的经济发展，而是“不降低环境质量和不破坏世界自然资源基础的经济发展”。

4. 侧重于从科技方面定义的可持续发展。实施可持续发展，科技进步起着重大的作用。没有科学技术的支持，人类的可持续发展便无从谈起。因此，有的学者从技术选择的角度扩展了可持续发展的定义。斯帕思认为：“可持续发展就是转向更清洁、更有效的技术，尽可能接近‘零排放’或‘密闭式’的工艺方法，尽可能地减少能源和其他自然资源的消耗。”还有的学者提出：“可持续发展就是建立极少产生废料和污染物的工艺或技术系统。”他们认为，污染并不是工业活动不可避免的结果，而是技术差和效益低的表现。

1983 年 12 月，联合国成立了以挪威前首相布伦特兰夫人为主席的世界环境与发展委员会（WCED），组织世界范围内的专家全面深入地对世界面临的问题及应采取的战略进行研究。1987 年，世界环境与发展委员会发表了影响全球的题为“我们共同的未来”的长篇报告。该报告正式提出了“可持续发展”的概念，并作出较为系统的阐述。该定义又被人们称作“布伦特兰定义”。在报告中，可持续发展被定义为：能满足当代人的发展需要，又不对后代人满足其需要的能力构成危害的发展[5]。由此可见，可持续发展包含三个重要内容：首先是“需求”，人类要发展，要满足人类的发展需求；其次是“限制——对需要的限制”，发展不能损害自然界支持当代人和后代人的生存能力；再次是“平等”，指各代之间的平等以及当代不同地区、不同国家和不同人群之间的平等。

可持续发展理论的基本特征有三点：第一，可持续发展鼓励经济增长。它强调经济增长的必要性，必须通过经济增长提高当代人福利水平，增强国家实力和社会财富。但可持续发展不仅要重视经济增长的数量，更要追求经济增长的质量。这就是说经济发展包括数量增长和质量提高两部分。数量的增长是有限的，而依靠科学技术进步，提高经济活动中的效益和质量，采取科学的经济增长方式才是可持续的。第二，可持续发展的标志是资源的永续利用和良好的生态环境。经济和社会发展不能超越资源和环境的承载能力。可持续发展以自然资源为基础，同生态环境相协调。它要求在保护环境和资源永续利用的条件下，进行经济建设，保证以可持续的方式使用自然资源和环境成本，使人类的发展控制在地球的承载力之内。要实现可持续发展，必须使可再生资源的消耗速率低于资源的再生速率，使不可再生资源的利用能够得到替代资源的补充[6]。第三，可持续发展的目标是谋求社会的全面进步。发展不仅仅是经济问题，单纯追求产值的经济增长不能体现发展的内涵。可持续发展的观念认为，世界各国的发展阶段和发展目标可以不同，但发展的本质应当包括改善人类生活质量，提高人类健康水平，创造一个保障人们平等、自由、教育和免受暴力的社会环境。

从宏观层面看，保证可持续发展需要以下几个要素以及它们之间的相互协调综合。

人口。人口的承载能力是一个国家或地区按人平均的资源数量和质量对于该空间内人口的基本生存和发展的支撑能力。如果可以满足，则具备了可持续发展的初步条件；如在自然状态下不能被满足，则应依靠科技进步寻求替代资源生产能力。区域的生产能力通常是一个国家或地区的资源、人力、技术和资本，可以转化为产品和服务的总体能力[7]。可持续发展要求此种生产能力在不危及其他子系统的前提下，应当与人的进一步需求同步增长。

环境。环境的缓冲能力也称为“容量支持系统”。人对区域的开发，人对资源的利用，人对经济的发展，人对废物的处理等，均应维持在环境的允许容量之内[8]。

社会。社会的稳定是发展的必要因素。在整个发展的轨迹上，不希望出现由于自然波动（特大自然灾害与不可抗拒的外力干扰）和经济社会波动（由于战争的干扰，由于重大决策失误所引起的不可挽回的损失等）所带来的灾难性后果。

科技。科技的创新能力也称为“智力支持系统”。它要求人的认识能力、人的行动能力、人的决策能力和人的创新能力，能够适应总体科技发展的水平。即：人的智力开发和对于“自然—社会—经济”复合系统的驾驭能力，要适应可持续发展水平的要求。人类只有依靠科技能力、科学精神和理性才能确保全球、全人类的生存和可持续发展，才能引导人口、资源、能源、环境与发展等要素所构成的系统朝着合理的方向演化。纵观人类史，可把人类社会的发展规律归为智力发展的规律，把科技进步视为人类社会发展的基础和第一推动力。在未来时期，人类只有更加依赖科学文明、技术文明，才能创建更高级的人类文明模式，从而导致区域的和世代的可持续发展。人类只有以人口为中心作出战略思考，特别是提高人口的素质和智力水平，才能确保资源、能源、环境与发展所构成的系统实现结构和功能的优化。

二、可持续发展的内涵及内容

可持续发展是指从发展观、全局观和文明观总体来考察人类社会、经济、自然、资源、环境等问题，包括社会、经济、生态、自然、环境、资源、生产、生活、文化、伦理、哲学、战略、科学、系统、未来等15个方面的内容。1989年“联合国环境与发展会议”专门为可持续发展的定义和战略通过了《关于可持续发展的声明》，认为可持续发展的定义和战略主要包括四个方面的含义：（1）走向国家和国际平等；（2）要有一种支援性的国际经济环境；（3）维护、合理使用并提高自然资源基础；（4）在发展计划和政策中纳入对环境的关注和考虑。

可持续发展的内涵包括三点：经济可持续发展、生态可持续发展、社会可持续发展。在人类可持续发展系统中，经济可持续是基础，环境可持续是条件，社会可持续是目的。人类共同追求的应当是可持续经济、可持续生态和可持续社会三方面的协调统一，以人的发展为中心的经济—环境—社会复合系统持续、稳定、健康地发展。在具体内容方面，可持续发展是一个密不可分的系统，既要达到发展经济的目的，又要保护好人类赖以生存的大气、淡水、海洋、土地和森林等自然资源和环境，使子孙后代能够永续发展和安居乐业。要求人类在发展中讲究经济效率、关注生态和谐和追求社会公平，最终达到人的全面发展。这表明，可持续发展虽然缘起于环境保护问题，但作为一个指导人类走向21世纪的发展理论，它已经超越了单纯的环境保护。它将环境问题与发展问题有机地结合起来，已经成为一个有关社会经济发展的全面性、综合性的战略发展问题。

经济的可持续性鼓励经济增长而不是以环境保护为名取消经济增长，因为经济发展是国家实力和社会财富的基础。可持续发展不仅重视经济增长的数量，更追求经济发展的质量。它强调四个方面：一是突出发展的主题；二是突出发展的可持续性，人类经济社会的发展不能超越资源和环境的承载能力；三是突出人与人之间关系的公平性，当代人在发展与消费时应努力做到使后代人有同样的发展机会，同一代人中一部分人的发展不应当损害另一部分人的利益；四是突出人与自然的协调共生。经济的可持续发展要求改变传统的以“高投入、高消耗、高污染”为特征的生产模式和消费模式，实施清洁生产和文明消费，以提高经济活动中的效益、节约资源和减少废物。从某种角度上，使生产方式和经营活动由粗放型向集约型转变，形成集约化的产业链，改变以高速消耗资源为代价来换取经济高增长的生产方式，要求增加和提高知识、技术、信息等产业的经济效益比就是可持续发展在经济方面的体现。

生态的可持续性要求保持稳定的资源基础，避免过度地对资源系统利用，维护环境吸收功能和健康的生态系统，并且使不可再生资源的开发程度控制在使投资能产生足够的替代作用的范围之内。实现所谓的生态持续性，就是要保护自然资源及其开发利用程度间的平衡，以满足社会经济发展所带来的对生态环境不断增长的需求，使人类的生态环境得以持续。强调了发展是有限制的，没有限制就没有发展的持续。生态可持续发展同样强调环境保护，可持续发展以保护自然环境为前提，与资源环境的承载能力相协调。它在发展的同时注意保护环境，包括控制环境污染、改善环境质量、保护环境支持系统、保护生物多样性、保持地球生态的完整性。但不同于以往将环境保护与社会发展对立的做法，可持续发展要求通过转变发展模式，从人类发展的源头、从根本上解决环境问题。

社会的可持续性则是通过分配和机遇的平等、建立医疗和教育保障体系、实现性别的平等、推进政治上的公开性和公众参与性这类机制来改善人类的生活质量，创造美好生活环境，保证社会的可持续性。世界各国的发展阶段可以不同，发展的具体目标也各不相同，但发展的本质应包括改善人类生活质量，提高人类健康水平，创造一个保障人们平等、自由、教育、人权和免受暴力的社会环境。

三、可持续发展的核心思想

可持续发展的核心是发展，但要求在严格控制人口、提高人口素质和保护环境、资源永续利用的前提下进行经济和社会的发展。发展是可持续发展的前提；人是可持续发展的中心体；可持续长久的发展才是真正的发展。健康的经济发展应建立在生态可持续能力、社会公正和人民积极参与自身发展决策的基础上。需要特别关注的是，各种经济活动的生态合理性，强调对资源、环境有利的经济活动应给予鼓励，反之则应予摈弃。在发展指标上，不单纯用国内生产总值作为衡量发展的唯一指标，而是用社会、经济、文化、环境等多项指标来衡量发展。这种发展观较好地把眼前利益与长远利益、局部利益与全局利益有机地统一起来，使经济能够沿着健康的轨道发展[9]。追求目标：既要使人类的各种需要得到满足，个人得到充分发展，又要保护资源和生态环境，不对后代的生存与发展构成威胁。最终以实现人口、资源、环境、经济社会可持续发展。

可持续发展的理论核心紧密地围绕着两条主线：其一，努力把握人与自然之间关系的平衡。通过认识、解释、反演、推论等方式，努力寻求人与自然关系之间的协同进化。因为人类需求的不断满足总是同资源消耗、环境退化、生态胁迫等联系在一起，其实质就集中体现了人与自然之间关系的调控和依存。其二，努力实现人与人之间关系的和谐。通过舆论引导、观念更新、伦理进化、道德感召等人类意识的觉醒，更要通过政府规范、法制约束、社会有序、文化导向等人类活动的有效组织，去逐步达到人与人之间关系（包括代际之间关系）的调适与公正。

作为中国国家基本战略之一的可持续发展，既从经济增长、社会进步和环境安全的功利性目标出发，也从哲学观念更新和人类文明进步的理性化目标出发，全方位地涵盖了“人口、资源、环境、发展、管理”“五位一体”的辩证关系，并将此类关系在不同阶段（过程）或不同区域（空间）的差异融合在整个发展演化的共同趋势之中。作为国家的一项基本发展战略，它除了应具有十分坚实的理论基础和丰富的知识内涵之外，面对实现其战略目标（或战略目标组）的总体要求，还应当进一步规定实施战略目标的方案和规划，从而组成一个完善的战略体系。

四、可持续发展的原则

1992 年联合国在巴西里约热内卢召开了联合国环境与发展会议，会议将公平性、持续性和共同性作为可持续发展的基本原则。

【延伸阅读】联合国环境与发展会议，围绕环境与发展这一主题，在维护发展中国家主权和发展权，发达国家提供资金和技术等根本问题上进行谈判。该会议最后通过了《关于环境与发展的里约热内卢宣言》《21 世纪议程》《关于森林问题的原则声明》三项文件。

公平性原则。可持续发展的公平性原则包括三个方面：第一方面是本代人的公平，即代内之间的横向公平。第二方面是代际公平性，即世代之间的纵向公平性。各代人之间的公平要求任何一代都不能处于支配地位，即各代人都有同样选择的机会空间。第三方面是人与自然、人与其他生物之间的公平性。具体体现在资源分配上的时间公平性和空间公平性。时间上的公平主要指人类赖以生存的自然资源和环境容量都是有限的，需要与子孙后代共享资源和环境。空间上的公平发展主张人与人之间、人与其他生物种群之间、国家与国家之间是平等的，应互相尊重，各国有权根据需要开发本国的资源，同时确保不对其他国家的环境造成损害，并把消除贫困作为可持续发展进程中优先考虑的问题。

持续性原则。生态系统受到某种干扰时能保持其生产力的能力。资源环境是人类生存与发展的基础和条件，资源的永续利用和生态系统的可持续性是保持人类社会可持续发展的首要条件，即保证人—资源—环境—发展的动态平衡。社会对环境资源的消耗包括两个方面：耗用资源及排放废物。

共同性原则。共同性原则体现了全球尺度的整体性、统一性和共享性。要实现可持续发展的总目标——发展目标的共同性，必须争取全球共同的配合行动——行动的共同性，这是由地球整体性和相互依存性所决定的。地球是一个复杂的巨系统，每个国家或地区都是这个巨系统不可分割的子系统。系统的最根本特征是其整体性，每个子系统都和其他子系统相互联系并发生作用。只要一个系统发生问题，都会直接或间接影响到其他系统的紊乱，甚至会诱发系统的整体突变。这在地球生态系统中表现最为突出。因此，可持续发展追求的是整体发展和协调发展，即共同发展。

也有学者提出可持续发展的其他几项原则：多维性原则（多样性原则）、协调性原则、高效性原则、需求性原则、阶段性原则。

可持续发展本身包含了多样性、多模式的多维度选择的内涵。人类社会的发展表现出全球化的趋势，但是不同国家与地区的发展水平是不同的，而且不同国家与地区又有着异质性的文化、体制、地理环境、国际环境等发展背景。此外，因为可持续发展又是一个综合性、全球性的概念，要考虑到不同地域实体的可接受性。因此，在可持续发展这个全球性目标的约束和制导下，各国与各地区在实施可持续发展战略时，应该从国情或区情出发，走符合本国或本区实际的、多样性、多模式的可持续发展道路。

协调性原则是指经济、社会、环境三大系统的整体协调，也包括世界、国家和地区三个空间层面的协调，还包括一个国家或地区经济与人口、资源、环境、社会以及内部各个阶层的协调。

高效性原则不仅是根据其经济生产率来衡量，更重要的是根据人们的基本需求得到满足的程度来衡量。它是人类发展的综合和总体的高效。公平和效率是可持续发展的两个轮子。可持续发展的效率不同于经济学的效率。可持续发展的效率既包括经济意义上的效率，也包含着自然资源和环境的损益的成分。因此，可持续发展思想的高效发展是指经济、社会、资源、环境、人口等协调下的高效率发展。

【延伸阅读】为了全面推动可持续发展战略的实施，明确21世纪初我国实施可持续发展战略的目标、基本原则、重点领域及保障措施，保证我国国民经济和社会发展第三步战略目标的顺利实现，在总结以往成就和经验的基础上，根据新的形势和可持续发展的新要求，特制定《中国21世纪初可持续发展行动纲要》。

需求性原则是指人类的需求是由社会和文化条件所确定的，是主观因素和客观因素相互作用、共同决定的结果。它与人的价值观和动机有关。可持续发展立足于人的需求而发展人，强调人的需求而不是市场商品，是要满足所有人的基本需求，向所有人提供实现美好生活愿望的机会。

随着时间的推移和社会的不断发展，人类的需求内容和层次将不断增加和提高，所以可持续发展本身隐含着不断地从较低层次向较高层次的阶段性过程。这就是可持续发展的阶段性原则。

1992年联合国环境与发展大会后，我国政府率先组织制定了《中国21世纪议程》(又称《中国21世纪人口、环境与发展白皮书》)，在总结以往成就和经验的基础上，根据新的形势和可持续发展的新要求，为了全面推动可持续发展战略的实施，明确21世纪初我国实施可持续发展战略的目标、基本原则、重点领域及保障措施[10]。2003年国务院颁布《中国21世纪初可持续发展行动纲要》，作为指导我国国民经济和社会发展的纲领性文件，明确了我国实施可持续发展战略的以下基本原则。

1. 持续发展、重视协调的原则

以经济建设为中心，在推进经济发展的过程中，促进人与自然的和谐，重视解决人口、资源和环境问题，坚持经济、社会与生态环境的持续协调发展。

2. 科教兴国、不断创新的原则

充分发挥教育的先导性、全局性和基础性作用，加快科技创新步伐，大力发展各类教育，促进可持续发展战略与科教兴国战略的紧密结合。

3. 政府调控、市场调节的原则

充分发挥政府、企业、社会组织和公众四个方面的积极性，政府要加大投入，强化监管，发挥主导作用，提供良好的政策环境和公共服务，充分运用市场机制，调动企业、社会组织和公众参与可持续发展。

4. 积极参与、广泛合作的原则

加强对外开放与国际合作，参与经济全球化，利用国际、国内两个市场和两种资源，在更大空间范围内推进可持续发展。

5. 重点突破、全面推进的原则

统筹规划，突出重点，分步实施；集中人力、物力和财力，选择重点领域和重点区域进行突破，并在此基础上，全面推进可持续发展战略的实施[11]。

参考文献：

[1] 金其储．人类环境文化的新进展：可持续发展观[J]．环境科学与技术，1998，(2)：38－40.

[2] 左家哺，田伟政．可持续发展思想的基本含义及重要观点[J]．湖南农业大学学报（社会科学版），2001，02（02）：5－7.

[3] 曲福田．可持续发展的理论与政策选择[M]．北京：中国经济出版社，2000.

［4］何爱平，任保平，等．人口、资源与环境经济学［M］．北京：科学出版社，2010.

［5］王猷薄．如何正确理解可持续发展的含义和要求［J］．植物杂志，1998，(3)：2.

［6］尹继佐．可持续发展战略普及读本［M］．上海：上海人民出版社．1998.

［7］曲格平．中国人口与环境［M］．北京：中国环境科学出版社，1992.

［8］邵洪，张义生，等．环境管理学与可持续发展［J］．环境保护，1997，(2)：22－24.

［9］王晓方，王伟中，等．可持续发展科技读本［M］．北京：中共中央党校出版社，2003.

［10］国家计划委员会．中国21世纪议程——中国人口、环境和发展白皮书［M］．北京：中国环境出版社，1994.

［11］附录2：中国21世纪初可持续发展行动纲要（摘要）［C］//内蒙古自治区：内蒙古草业可持续发展战略——内蒙古自治区2005年自然科学学术年会优秀文集，2005：245－252.

第二节　可持续发展的历程

一、可持续发展理论的产生和发展

20世纪以来，随着人口急剧增加，工业进程加速，经济规模不断扩张，世界环境问题日趋严重，世界各地相继爆发生态环境污染事件，特别是震惊世界的“八大公害事件”导致成千上万人患病甚至失去生命。这一系列事件引发了社会的许多呼声。

【延伸阅读】因现代化学、冶炼、汽车等工业的兴起和发展，工业“三废”排放量不断增加，环境污染和破坏事件频频发生，在20世纪30年代至60年代，发生了8起震惊世界的公害事件。

（1）比利时马斯河谷烟雾事件（1930年12月），致60余人死亡，数千人患病。

（2）美国多诺拉镇烟雾事件（1948年10月），致5910人患病，17人死亡。

（3）伦敦烟雾事件（1952年12月），短短5天致4000多人死亡，事故后的两个月内又因事故得病而死亡8000多人。

（4）美国洛杉矶光化学烟雾事件（二战以后的每年5—10月），烟雾致人五官发病、头疼、胸闷，汽车、飞机安全运行受威胁，交通事故增加。

（5）日本水俣病事件（1952—1972 年间断发生），共计死亡 50 余人，283 人严重受害而致残。

（6）日本富山骨痛病事件（1931—1972 年间断发生），致 34 人死亡，280 余人患病。

（7）日本四日市事件（1961—1970 年间断发生），2000 余人受害，死亡和不堪病痛而自杀者达数十人。

（8）日本米糠油事件（1968 年 3—8 月），致数十万只鸡死亡、5000 余人患病、16 人死亡。

1962 年，美国学者蕾切尔·卡逊（Rachel Carson）发表了科普著作《寂静的春天》，写作背景来源于有机氯类杀虫剂 DDT。20 世纪中叶，人们为了获取更多的粮食，研制了多种基本的化学药物，用于杀死昆虫、野草和啮齿动物的 DDT 具有很高的毒效，尤其适用于扑灭传播疟疾的蚊子，可杀死农业害虫，增加农作物产量。然而作为一个生物学家，蕾切尔·卡逊以敏锐的眼光和深刻的洞察力预感到滥用杀虫剂问题的严重后果是对自然生态系统的灾难性后果。她经过几年艰苦的调查和研究，最终以其科学独到的分析和雄辩的观点，以及惊人的胆魄和勇气写下了《寂静的春天》，勇开先河地就环境污染问题向世界发出了振聋发聩的呼喊。书中写道："一个奇怪的阴影遮盖了这个地区；神秘莫测的疾病袭击了成群的小鸟，牛羊病倒和死亡；不仅在成人中，而且在孩子们中也出现了突然的、不可解释的死亡现象；一种奇怪的寂静笼罩了这个地方，这儿的清晨曾经荡漾着鸟鸣的声浪，而现在只有一片寂静覆盖着田野、树木和沼泽。"这描绘了一幅由于农药污染所带来的环境破坏的可怕景象，警示人们将会失去"明媚的春天"。为此，在世界范围内引发了人们对资源环境危机和发展观念的讨论，较早地引发了人类对自身的传统行为和观念进行比较系统和深入的反思。该著作被认为是最早出现"持续性发展"一词的文献。《寂静的春天》为启蒙人类环境意识以及为现代环境保护思想和观点作出的开创性贡献，主要体现在三个方面：在生态观方面，强调自然生态系统是一个普遍联系的有机整体。自然界没有任何孤立存在的东西，正是依赖于生物数量间巧妙的平衡，自然界才能生生不息、源远流长。在技术观方面，呼吁人类在使用科学技术干涉自然系统时必须慎而又慎。在工业化过程中，科学的发展、技术的进步使得人类可以肆意征服自然，这一做法恰恰有可能破坏人类赖以生存的物质基础。在道德观方面，提出尊重自然是人类社会最基本的道德准则。在人类社会的所有关系中，最重要的是人类同生命系统的关系。自然界是人类生存的基本条件，人本身也是自然界不可分割的一部分。

在《寂静的春天》发表之前，已经有一些学者对人口、生态平衡等方面问题进行思考并发表了著作。英国人口学家托马斯·罗伯特·马尔萨斯创作的人口学著作《人口原理》首次出版于1798年。该著作提出人口有几何增长的趋势，而食物供应只有算术增长的趋势。任何技术进展也不能改变这种趋势，因为食品供应增加必然要受到限制。地球上的有限资源是否能够养活不断增长的人口？20世纪中叶，生存环境之间的矛盾开始凸显，耕地减少、环境公害等问题日趋加重，环境问题频频困扰人类[1]。1949年，美国学者威廉·福格特创作了《生存之路》。该书从人口与土地的关系出发，探讨了土地的人口承载力等问题，提出世界人口增长已超过土地和自然资源的承载力，人类正面临灭顶之灾，生存之路在于控制人口增长，恢复并保持人口、土地与自然资源之间的平衡[2]。1957年，我国学者马寅初发表了《新人口论》。他估计我国当时人口增殖率在20‰以上，以6亿为基数，每年以20‰的速度增长，一切有识之士，不能不认为这样增长下去是太快了。为了要扩大再生产，加速资金积累，加速工业化的进程，应该降低消费比例，这就必须把人口控制起来。他认为，“人口的增殖，就是积累的减少，也就是工业化的推迟”[3]。但当时这一观点不仅没有得到认同，反而受到了批判。

1968年，美国作家保罗·艾里奇、安妮·艾里奇发表了《人口爆炸》一书。他们认为，人口增长如不加以制约，大约900年以后，陆地表面每平方米将挤100人，地球将人满为患，人们将无立足之地[4]。同年，由意大利奥莱里欧·佩切依博士召集，来自西方10个国家的科学、教育、经济学、人类学专家和实业家30多人，在罗马共同探讨了关系全人类发展前途的人口、资源、粮食和生态环境等一系列的根本性问题，并对当时的经济发展模式提出了质疑。随后成立了智库“罗马俱乐部”，它的宗旨是促进对构成我们生活在其中的全球系统的多样但相互依赖的各个部分的认识，促使全世界制定政策的人们和公众都来关注这种新的认识，并通过这种方式，促进具有首创精神的新政策和新行动的出现。罗马俱乐部提出了一系列问题，例如：人类面临的根本问题是否能在物质上支撑现在的人口增长率和资本增长率；这个地球能供养多少人，在什么财富水平上供养，能供养多久。

1972年，罗马俱乐部发表了第一份震撼世界的著名研究报告《增长的极限》。该研究报告分为指数增长的本质、指数增长的极限、世界系统中的增长、技术和增长的极限、全球均衡状态等五部分，认为：由于世界的人口增长、粮食生产、工业发展、资源消耗和环境污染这五项基本因素的运行方式是非线性的指数增长，全球的增长将会因为粮食短缺和环境破坏于下世纪某个时段内达到极限。就是说，地球的支撑力将会由于人口增长、粮食短缺、资源消耗和环境污染等因素在某个时期达到极限，使经济发生不可控制的衰退。因此，要避免因超越地球资源极限而导致世界崩溃的最好方法是限制增长，必要时不发展，即“零增长”。世界需要人口和资本基本稳定的全球均衡状态。该研究报告表现出的对人类前途的“严肃的忧虑”意识，引发了激烈的、旷日持久的学术争论，唤起人类自身的觉醒。报告深刻阐明了环境与资源、人口之间的关系及重要性。虽然报告中的结论和观点存在明显的缺陷，但它所阐述的合理的、持久的均衡发展为孕育可持续发展的思想萌芽提供了土壤。《增长的极限》被认为是可持续发展的历程中重要三份报告之一[5]。

随着人类面临环境日益恶化、贫穷日益加剧等一系列突出问题，国际社会迫切需要共同采取一些行动来解决这些问题。1972 年 6 月 5 日，联合国在斯德哥尔摩召开了“人类环境会议”。此次会议是可持续发展理论产生和发展的第一次重要会议，可持续发展的概念最先是在研讨会上被正式讨论。来自世界 113 个国家和地区的代表汇聚一堂，共同讨论环境对人类的影响问题。中国收到联合国世界环境大会通知后，立即组团前往。这是人类第一次将环境问题纳入世界各国政府和国际政治的事务议程；各国政府和公众的环境意识，无论是在广度上还是在深度上都向前迈进了一步。大会确定每年的 6 月 5 日为世界环境日，成立了环境规划署，提出了“人类环境”的概念，并通过了《人类环境宣言》。此次大会的意义在于唤起了各国政府共同对环境问题，特别是对环境污染的觉醒和关注。

《人类环境宣言》向全球呼吁：现在已经到达历史上一个关键时刻，我们必须更加审慎地考虑我们的决定对环境产生的后果。由于无知或不关心，我们可能给生活和幸福所依靠的地球环境造成巨大的无法挽回的损失。中国代表团成员与各国代表广泛交流、听取各种意见，并提议把毛泽东关于“人类总得不断地总结经验，有所发现，有所发明，有所创造，有所前进”等名言写进大会通过的《人类环境宣言》，以表明我们对会议主题的认同和支持。会议接受了中国代表团的建议。

1980 年，世界自然保护联盟（简称 IUCN）、联合国环境规划署、世界野生基金会等国际组织一起发表《世界自然资源保护大纲》。作为可持续发展的历程中第二份重要报告，该大纲指出，“必须研究自然的、社会的、生态的、经济的以及利用自然资源过程中的基本关系，以确保全球的可持续发展”。编纂该大纲的目的主要有三个：第一，解释生命资源保护对人类生存与可持续发展的作用；第二，确定优先保护的问题及处理这些问题的要求；第三，提出达到这些目标的有效方式。虽然《世界自然资源保护大纲》以可持续发展为目的，围绕保护和发展做了大量的研究和讨论，且反复用到可持续发展这个概念，但它并没有给出可持续发展的定义。

全面审视世界环境问题，从个人到团体都逐步意识到“就污染治理污染、就环境论环境”战略思维及其技术路线无法从根本上解决环境问题，必须从工业生产的源头和全过程寻求降低污染产生的办法，在经济社会的发展大局中探索预防各种环境问题的出现。1980年，联合国向全世界呼吁研究自然、社会、经济、生态以及利用自然过程中基本关系，保证全球可持续发展。这也是联合国首次使用了“可持续发展”概念。1983 年 12 月，联合国成立了以挪威前首相布伦特兰夫人为主席的世界环境与发展委员会（WCED），其工作目标为：提出经济社会发展的长期环境策略，推动各国在人口、资源、环境和发展方面广泛的合作，研究国际社会有效解决环境问题的途径和方法，协助人们对长远的环境问题建立共同认识并为之付出必要的努力，制订长远的行动计划，确立世界社会目标。1987 年，世界环境与发展委员会发表了影响全球的题为“我们共同的未来”的长篇报告，这也是影响可持续发展思想形成最重要的一份报告，分为“共同的问题”“共同的挑战”和“共同的努力”三大部分。该报告指出：我们需要有一条新的发展道路，这条道路不是一条仅能在若干年内、在若干地方支持人类进步的道路，而是一直到遥远的未来都能支持全球人类进步的道路。这就是《寂静的春天》早就预感到、但没有提供答案的路。该报告提出了“从一个地球走向一个世界”的总观点，并在这样的一个总观点下，从人口、资源、环境、食品安全、生态系统、物种和遗传资源、能源、工业、城市化、机制、法律、和平与发展等方面比较系统地分析和研究了可持续发展问题的各个方面，第一次明确给出了可持续发展的定义。

随着国际关注的热点已由单纯重视环境保护问题转移到环境与发展的主题，各国已普遍地认识到，环境的保护与治理只有放在包括经济和社会发展在内的更大的范围内，才能最终解决。

1992 年，在全球环境继续恶化、经济发展问题更趋严重的背景下，在巴西里约热内卢召开了联合国环境与发展大会，有 183 个国家的代表团和 70 个国际组织的代表出席会议，102 位国家元首或政府首脑到会讲话。时任国务院总理的李鹏总理率队参会。此次大会是官方对可持续发展讨论的一个高峰。大会为人类高举可持续发展旗帜，走可持续发展之路发出了总动员，可持续发展得到世界最广泛和最高级的政治承诺。大会通过、签署了《里约热内卢环境与发展宣言》（又名《地球宪章》）、《21 世纪议程》《关于森林问题的原则声明》《联合国气候变化框架公约》《生物多样性公约》等重要文件。阐述了有关可持续发展的 40 个领域的问题，提出了 120 个实施方案。《地球宪章》是一份纲领性的文件。《21 世纪议程》是全球实现可持续发展的行动计划。《联合国气候变化框架公约》是一份具有法律约束力的国际公约，其核心是控制人为温室气体的排放，公约于 1994 年 3 月正式生效。由于气候变化问题涉及社会、经济、科技、外交、政治等领域，围绕此公约而展开的国际活动繁多，矛盾斗争也非常复杂。《生物多样性公约》也是一份具有法律约束力的文件，旨在保护和合理利用生物资源，于 1993 年底开始生效。会议将公平性、持续性和共同性作为可持续发展的基本原则。这也是有关可持续发展理论的产生和发展的第二次重要国际会议。

在这次会议上，工业革命以来那种“高生产、高消费、高污染”的传统发展模式及“先污染、后治理”的道路受到否定，可持续发展的概念得到普遍的接受。会议提出了环境与发展不可分割，要为保护地球生态环境、实现可持续发展建立“新的全球伙伴关系”的主张。

一个由少数科学家不断呼吁、警告，到多数人开始逐渐理解和响应的人类环境危机的整体意识和寻求从根本上摆脱这一危机的努力，终于走上全球议程，成为国际社会的广泛共识。到了今天，自然界对人类的报复越来越频繁，环境与生态的危机也越来越强烈和深刻了。人类在向自然界索取、创造富裕生活的同时，不能以牺牲人类自身生存环境作为代价。为了人类自身，为了子孙后代的生存，通过许许多多的曲折和磨难，人类终于从环境与发展相对立的观念中醒悟过来，认识到两者协调统一的可能性，终于认识到“只有一个地球”。人类必须爱护地球，共同关心和解决全球性的环境问题，并开创了一条人类通向未来的新的发展之路——可持续发展之路。

2002 年 8 月 26 日至 9 月 4 日在南非约翰内斯堡举行了第一届可持续发展世界首脑会议（联合国可持续发展高峰会议）。作为有关可持续发展理论的产生和发展的第三次重要国际会议，此次会议主要目的是全面审议 1992 年联合国环发大会通过的《里约宣言》《21 世纪议程》等重要文件，回顾《21 世纪议程》执行情况、取得的进展和存在的问题，并在此基础上制订新的可持续发展行动计划以及之后行动的战略与措施；同时纪念联合国环境与发展会议召开 10 周年。经过长时间的讨论和谈判，会议通过了《可持续发展世界首脑会议实施计划》这一重要文件。

《21 世纪议程》的基本思想是：人类正处于历史的抉择关头，我们可以继续实施现行的政策，保持着国家之间的经济差距，在全世界各地增加贫困、饥荒、疾病和文盲，继续使我们赖以维持生命的地球的生态系统恶化。不然，我们就得改变政策。改变所有人的生活水平，从国家、区域、国际水平上更好地保护和管理生态系统，争取一个更为安全、更加繁荣的未来。任何一个国家都不能靠自己的力量取得成功，而联合在一起，我们就可以成功。

2012 年在巴西里约热内卢召开了联合国可持续发展大会。会议主题是：绿色经济在可持续发展和消除贫困方面的作用和可持续发展的体制框架。会议有三个目标：第一个目标是重拾各国对可持续发展的承诺；第二个目标是找出目前我们在实现可持续发展过程中取得的成就与面临的不足；第三个目标是继续面对不断出现的各类挑战。

二、中国可持续发展的理论来源及发展

中国是一个历史悠久的文明古国，可持续发展的思想是中国传统文化的内容之一。历代的哲人与先贤，都从不同的角度和层面，探求具有健康基础的自然观。中国可持续发展的思想源远流长，中国今天可持续发展的理论正是对前人理论的继承和弘扬。

中国可持续发展的理论最早可追溯到三千多年前的夏代。在历书《夏小正》中就体现出天地人相统一的生态观，书中主张把每月的天气变化、气候情况、物候特征、农事活动作为一个整体看待，以求人的活动与自然界的运动统一协调。商代时期，人们已经懂得了捕捉鸟兽不能斩尽杀绝，必须网开一面的道理。到了周代，已经颁布实施了世界上最早的环境保护法令《伐崇令》。

先秦时期，上述思想有了进一步发展。《周易》的“观乎天文以察时变，观乎人文以化成天下”；《孟子》的“天时不如地利，地利不如人和”；《论衡》中有“夫人不能以行感天，天亦不能随行而应人”；《吕氏春秋·义赏》云：“竭泽而渔，岂不获得，而明年无鱼。焚薮而田，岂不获得，而明年无兽。”《说苑·权谋》云：“干泽而渔，蛟龙不游。”《逸周书·月令解》云：“仲春之月，无竭川泽，无流涸陂池，无焚山林。”《淮南子·主术训》云：“先王之法，畋不掩群，不取麛夭；不涸泽而渔，不焚林而猎。”这里讲的都是严禁灭绝种群，而应放眼长远利益。先秦时期还强调对生物资源应顺时取用。比如：《逸周书·程典解》云：“牛羊不尽齿，不屠。”《文传解》云：“无杀夭胎，无伐不成材。”不仅如此，先秦时期还主张，为了保护生态环境，必须进行严格的管理教育。那时田猎就立有公约：春夏只许择取禽兽不育者。《礼记·月令》明确规定：“季春之月，田猎罝罘罗网毕翳，委兽之药，勿出九门。孟夏之月，继长增高，勿伐大树。”需要说明的是，当时对禁令的执行非常坚决，君王也不能随便违犯。在严格管理保护环境的同时，还进行美化环境的教育，大力提倡植树艺美、养鸟驯兽[6]。

自秦之后，可持续发展的思想更加丰富。在《国语》中就记载了公元前550年周灵王的儿子太子晋关于治山治水、合理开发自然资源的主张。中国历代思想家一般都反对天人相互为敌，而主张“天人合一”。许多著名思想家还主张发挥人对自然的主观能动性。从先秦荀子的“制天命而用之”，《齐民要术》中讲“顺天时，量地利，则用力少而成功多；任情返道，劳而无获”，到唐代刘禹锡的“天人交相胜”，均是主张人类应充分利用自然规律，造福当代与后代，主张人类应在与自然和谐共处的基础上合理利用自然[7]。明代徐光启在《农政全书》中提出了一系列具体的主张。比如，他主张稻棉轮作以减少病虫草害，增进地力；主张“作羊圈于塘岸上，安羊。每早扫其粪于塘中，以饲草鱼。而草鱼之

粪可以饲鲢鱼”。这样做可“一举三得矣”。这类多种经营方式已蕴含关于有机农业、生态农业的深刻思想。自秦以后，历代都制定了保护山林、禁苑、街巷阡陌和山野坡湖等法规。南宋的法律已经对随意围湖造田者追究其民事责任，甚至追究其刑事责任。

20世纪以来，特别是1992年联合国环境与发展大会之后，中国政府就决定编制《中国21世纪议程》。在编制过程中，中国不仅参照联合国《21世纪议程》的框架结构、格式内容，而且还聘请联合国开发计划署直接指导帮助。在完成讨论稿后，为了广泛听取国外专家学者的意见、落实联合国大会决议，1993年中国政府由国家计委和国家科委联合召开《中国21世纪议程》国际研讨会，专门研讨中国未来如何发展的一些重大问题。这是新中国成立以来第一个将中国的发展与环境、资源、人口问题协调起来研究的国际会议。在此基础上，1994年3月国务院第16次常务会议讨论通过了《中国21世纪议程》（又称《中国21世纪人口、环境与发展白皮书》）。《中国21世纪议程》的核心内容是从中国国情出发，阐明中国如何走可持续发展之路：其一，把邓小平关于“发展是硬道理”的论断作为指导思想，中国作为发展中的大国，必须把“发展”列为可持续发展的核心内容。具体地说是以经济发展为中心，走发展与保护自然环境相结合、发展不忘环保、以环保促进经济增长方式转型的一种可持续发展之路；绝不走先发展后环保、先污染后治理、只环保不发展这类不可持续之路。其二，特别强调经济、社会与人口、资源环境四维协调发展的协调性，做到经济效益、环境效益与社会效益的统一，把资源消耗核实、环境生态损失测算、资源有价等纳入生产成本和国民收入测算之中。其三，高度重视人口与发展的关系，把解决人口与资源的矛盾作为实施可持续发展战略的重要内容。其四，强调中国可持续发展的国际合作与协调。中国履行环境国际义务有一个基本态度：凡是能做的事，我们都坚定不移地去做；凡是不能做的事，中国不能随便答应去做。

参考文献：

[1]［英］托马斯·罗伯特·马尔萨斯．人口原理[M]．北京：中国人民大学出版社，2018.

[2]［美］威廉·福格特．生存之路[M]．北京：商务印书馆，1988.

[3] 马寅初．新人口论[M]．广州：广东经济出版社，1998.

[4]［美］保罗·艾里奇，安妮·艾里奇．人口爆炸[M]．北京：新华出版社，2000.

[5] 尹继佐．可持续发展战略普及读本[M]．上海：上海人民出版社，1998.

[6] 萧新生．简论中国可持续发展的理论来源[J]．探求，2000（04）：33－35.

[7] 邓广铭．北宋政治改革家王安石[M]．北京：生活·读书·新知三联书店，2007.

第三节　可持续发展的重要性

人类社会的发展依赖于地球生态环境，所以我们星球的未来是一个非常令人关切的问题。地球的资源是有限的，而人类社会的发展使得自然资源受到疯狂的掠夺，让人类在这个资源有限的星球生存变得岌岌可危。因此，为满足当代人的需求，而又不损害后代人满足其需求的能力的发展，并让人类文明可以长期延续下去，实施可持续发展势在必行，且可持续发展也被提升到了国家发展的重要战略地位。生态文明建设的最终目标是实现可持续发展，在可持续发展观中，资源是条件，环境是目标，人口是关键，经济社会发展是目的。通过人口、经济、社会的参与和协调，实现资源节约和环境友好发展。

要想明白可持续发展的重要性就必须先回答一个问题——为什么要可持续发展?

一、人口增长

从春秋战国到明朝之间，中国人口数量都维持在3000万到1亿之间波动，而且直到明朝巅峰时期人口数量才超过了1亿[1]，从人口增长水平来说，人口增长十分缓慢，在这近2000年的发展过程中虽然出现过秦朝、汉朝、盛唐等强大时期[2]，但是由于战乱导致人口耗损严重。战争是导致人口锐减的最直接的原因之一。在古代中国王朝更替频繁，时局动荡不安，时常有边境冲突，这些因素都会导致战争的爆发，造成人员的死亡或残疾，加之古代绝大多数时候都使用冷兵器，战争都是靠士兵的冲杀，战争规模很大，战争持续时间长，导致人口死伤众多。在每次大规模的战争中，都会补充兵源，而士兵的主要来源是农民，青壮年从军，老弱妇孺下田，加上畜力往往被征用，农业生产必定受到影响。士兵从粮食的生产者变为消耗者，使本来就有限的商品粮更加紧张。战场或军队的驻地往往离粮食产地很远，需要大量人力、畜力从事运输，有时沿途的消耗比运达数量要高好几倍。军人和运粮民工大多是青壮年男子，他们长期离家必然会使配偶减少生育机会，同时使他们的老人、儿童家属因缺少赡养和抚养而缩短寿命甚至死亡。死亡率高，出生率低，导致人口的急剧下降。战争造成的物质破坏，会对农业生产、交通运输、河道水系和生态环境带来长期影响。由于行政机构解体、交通受阻、缺乏必要的物资和人力，以及统治者无暇旁顾等原因，灾民得不到及时和有效的救济，灾情得不到及时的控制，造成比平时严重得多的损失。而在缺粮的条件下，俘虏和平民生存的希望就更小。人们所熟知的花木兰替父从军的故事就是战争对人口消耗的一个缩影。

疾病和饥荒流行也是限制人口增长的重要原因。古代医疗资源匮乏，传染性疾病多发，如鼠疫、疟疾、天花等流行病在古代都是致命的，只要这些瘟疫爆发，往往会出现村庄和城镇居民人口全部死亡的情况。此外，战争期间对死亡人畜不能及时掩埋，往往会引起瘟疫流行，也会增加新的死亡。战争和天灾的横行往往都会伴随着饥荒，电影《一九四二》就深刻地反映出战争和天灾所带给贫穷百姓的是战乱和饥荒，导致了上千万人都死于饥荒。

【延伸阅读】《一九四二》是由华谊兄弟传媒集团和重庆电影集团有限公司联合出品，冯小刚执导，张国立、陈道明、李雪健、张涵予等人主演的灾难、历史、剧情、战争电影，于2011年10月19日正式开机，2012年11月29日上映。

该片改编自刘震云的小说《温故一九四二》，以1942年千百万民众离乡背井、外出逃荒的河南大旱这一历史事件为背景，分两条线索展开叙述：一条是逃荒路上的民众，主要以老东家范殿元和佃户瞎鹿两个家庭为核心展开；另一条是国民党政府，他们的冷漠、腐败和对人民的蔑视推动和加深了这场灾难。

2013年，该片获得了第32届香港电影金像奖最佳电影、第三届北京国际电影节天坛奖最佳影片等奖项。

清朝时期，中国人口呈现一波短暂的增长，到光绪年间人口已达到4.5亿人，但是由于之后经历了一战和二战的摧残，世界人口都因为战争而减少。广为流传的越南“一夫多妻制”和“俄罗斯盛产美女”的说法，其背后真正的原因是，在二战中越南和俄罗斯大量男子在战争中牺牲造成的男女比例不平衡，在之后的几十年中都难以恢复。二战后，世界局势处于和平与发展之中，没有大规模的战争爆发，世界人口处于一种急剧增长的状态。以中国现代人口增长为例，1953年第一次全国人口普查时，全国有6亿人口，到2020年第六次全国人口普查时，人口已经增长到了14.4亿多人，在过去近70年的时间里，人口增长了2倍多，其人口增长率和人口数量都是在中国历史上前所未有的。但是新的危机也悄然而至，由于人口剧增而引起的粮食危机、环境污染、资源短缺、人类生存空间越来越紧张等问题凸显，让地球承载的环境压力也越来越大。因此，为控制人口数量，我国在1971年时开始实施计划生育。从此，计划生育成为我国的一项基本国策。只有人类和自然和谐相处，实施可持续发展的战略，人类才能在地球上长存不息，而人口是可持续发展战略的基本要素，人口均衡发展对推进生态文明建设具有重要作用[3]。只有人口发展与经济社会发展水平相协调，与环境承载力相适应，人口规模适度，人口质量提高，人口结构优化，人口分布合理，人口系统要素均衡发展，人才能和自然和谐相处，人类社会才能进步，创造更加优秀先进的文明。

二、工业发展

在过去人类社会几千年的发展进程中，主要的生活和生产方式都以农业和手工业为主，人类改造自然的能力还很弱，加之自然灾害频发，人类对大自然始终保持着敬畏之心。相对原始的生产方式使得人类对自然资源的开发利用效率十分低下，加之人口增长缓慢，为满足人的发展需求对自然资源的开放索取量很少，人与自然相对和谐。18 世纪后期工业得到发展，人类社会逐渐进入工业文明时代，电力的使用和发动机的发明让人类的工作效率和对自然资源的开采速度得到了显著的提升，人类社会得到飞速发展，特别是到近现代以后，各种机械化设备的使用和普及，地球的自然资源呈现出一种被疯狂掠夺的趋势。同时，为了能够获得更多的资源和生存空间，“愚公移山”和“精卫填海”已经不再是传说，人类正在用各种机械化的设备大刀阔斧地改造自然。然而在改造自然的过程中，对自然的破坏也达到了空前的程度，消耗大量资源、大量排污的发展模式使经济与环境生态处于不可调和的矛盾状态，对环境破坏、生态失衡的关注已经在世界范围内被提上日程。此外，人口的急剧增长更加推动了对资源的掠夺，在进入工业文明 200 多年后，地球上物种灭绝的速度是史无前例的。人类为开拓田地和获得木材，对大量的森林进行砍伐。被誉为“地球之肺”的亚马逊热带雨林比整个欧洲的面积都还要大，为地球提供了 20% 的氧气，但是由于巴西政府对雨林保护的懈怠和当地穷苦人民的偷伐，导致曾经拥有 650 万平方千米面积的亚马逊热带雨林比 400 年前面积减少了 40%，曾经绝大多数都是无人踏足的原始森林，现在整个雨林都是随处可见人类活动带给雨林伤害的痕迹[4]。如果人类再这样永无休止地肆意掠夺，那么若干年后，被誉为“雨林基因库”的亚马逊热带雨林将永远离我们而去，地球的二氧化碳含量将持续升高，各种伴随雨林消失的自然灾害将席卷人类。亚马逊热带雨林被破坏只是人类对地球资源掠夺的缩影，工业革命的发展导致煤炭的大量使用，1952 年英国伦敦烟雾事件爆发，造成了严重的空气污染和大量人口因空气污染引发疾病而死亡。改革开放后，中国为发展工业，引进了许多重污染的工厂，过度开采煤矿，对黄河中上游的环境保护不足，导致北方大多数地方连年遭受沙尘暴和雾霾天气，严重影响人们的生活。还有很多“黑心工厂”，将重污染废水直接排入河道，更有甚者直接通过高压泵将污水压到地下水层，直接污染人的饮用水资源。因为人类无休止地开发而造成对环境不可逆破坏的案例很多。工业的发展使人类对资源的开发利用效率呈几何倍数增加，解放了生产力，方便了人们的生活，但是如果人类忽略了我们赖以生存的环境，毫无节制地一味索取，最终灭绝的将是我们人类自己。

【延伸阅读】1952 年伦敦烟雾事件是发生在伦敦的一次严重大气污染事件。1952 年 12 月 5—9 日，伦敦上空受反气旋影响，大量工厂生产和居民燃煤取暖排出的废气难以扩散，积聚在城市上空。伦敦被有浓厚的烟雾笼罩，交通瘫痪，行人小心翼翼地摸索前进。市民不仅生活被打乱，健康也受到严重侵害。许多市民出现胸闷、窒息等不适感，发病率和死亡率急剧增加。直至 12 月 9 日，一股强劲而寒冷的西风才吹散了笼罩在伦敦的烟雾。据统计，当月因这场大烟雾而死的人多达 4000 人。此次事件被称为“伦敦烟雾事件”，是 20 世纪十大环境公害事件之一。

今天，我们处在现代文明时期，随着科学技术的进步，新技术、新能源、新材料等的发展和利用带来了社会生产力的新飞跃，影响着产业结构和社会结构，引起了社会生活的极大变化，对经济增长和社会进步产生了深远影响[5]。

经过肆意的工业发展之后，因为环境问题，人类开始觉醒，认识到环境问题产生的原因是人类经济活动索取自然资源的速度超过了资源再生的速度和向自然排放废物的数量超过了环境的自净能力，意识到为了发展先污染再治理的发展道路是错误的，而且污染后对环境的破坏是不可逆的，再治理要投入的资金、精力远远超过了发展时所获得的。因此，在汲取无数的发展道路的挫折经验之后，人类开始以正确的发展观去正视自然资源，以寻求人类社会与自然环境的协同演化和可持续发展。

三、消费需求增长

中国几千年的发展过程中，长期以男耕女织的小农经济为主，处于一种自给自足的状态，以温饱问题为主要需求。党的十九大报告已经重新确定了我国社会主要矛盾已经转化为人民日益增长的美好生活需要和不平衡不充分的发展之间的矛盾，这标志着人民的需求已不再是以前简单的温饱问题，而是有了更高层次的需求。近现代手工业的发展和第三产业的兴起，强烈刺激了人民的消费需求和消费欲望，同时也大大加快了对自然资源的开采速度，这必然会对环境造成不可逆的破坏。众多学者和科学家已经将现代社会大众消费确定为全球经济增长和环境破坏的根本驱动力。特别是高水平消费行为在全球的传播有可能极大地增加人力资源对本地和全球资源的消耗，以及对气候变化产生持续的影响[6]。高端奢侈品的消费往往是造成资源枯竭的主要原因，从古至今象牙、犀牛角、犀鸟等都受到各路收藏家的偏爱，工业的发展使得猎杀、运输和销售环节变得更加快捷，这也大大加速了这些珍稀物种的灭绝。此外，红木因为木材条纹优美、颜色鲜艳，一直都是作为中国高档家具材料的首选，但是由于中国红木资源的缺乏和国家的保护，走私成了获得红木材料的另一种途径[7]。对于偷伐红木的工人来说，他们只能得到极低的报酬，并且还要面临着被当地政府抓获的风险。从事偷砍红木的工作，不但使当地的生物资源遭受了极大的破坏，而且还会使这些人更加贫困，而真正的罪魁祸首或许却在万里之遥。

越发达的国家对消费的需求和欲望更加强烈，对资源的消耗也更加巨大。研究发现，发达国家人均对资源的消耗量是一些发展中贫困国家人均的几十到上百倍。而对资源需求的巨大差距造成的后果是大量的浪费[8]，每年有成千万吨的资源和粮食被浪费，但同时在非洲等一些贫穷落后的地区每年因饥饿会有几百万人口死亡，上千万的人处于饥饿状态[9]。这样发展的不平衡最终造成的是全球社会矛盾加剧，富人越来越富有，穷人越来越穷。因此就需要人类能够和谐可持续的发展，那些以环境代价已经发展起来的国家，更不能忘记那些还处于贫困中的人民，因为是他们的牺牲才换取了你们的幸福。在全球共谋发展和环境保护的重大事情中，发达国家应该承担更多的责任，帮助发展中的贫穷国家，帮助他们正确地发展。只有他们与自然和谐发展，真正富裕起来了，才能真正地保护环境。

随着人口数量的增长和社会发展的需要，煤炭、石油、矿藏和水资源日益枯竭，大量的化石能源的燃烧和大规模养殖畜牧业的发展，让环境承载着巨大压力，导致全球碳排放量超标，雾霾、极端天气频发和全球气候变暖等问题的出现，都会威胁人类的生存。如果没有有效地控制开采和发展，那么人类最终也将走向灭亡。

在地球38亿年的演化中，人类文明的存在不过短暂的几千年历史，但人类带给地球伤害却是最大的。人类已经探索的文明中，地球是人类已经发现的资源最丰富、最具生命活力、最适合人类生存的唯一星球。人类要想延续就必须保护地球家园，保护我们生存的环境，在利用有限的地球资源过程中必须实施可持续发展，没有环境保护就不能保证可持续发展。可持续发展包括环境保护，而环境条件是可持续发展的前提。认识到经济和社会持续发展的必要性，必须保护和改善环境状况，这是创造和维持当代人和未来一代人福利的唯一可能性；这种平衡是能够而且应该确保整个社会发展的因素，这是可持续发展的关键问题。在20世纪，经济和技术进步导致了自然资源系统被忽视和恶化。然而，全球经济目前是结构性的，不可再生的资源对环境有着强烈的影响，超过了不同生态系统的能力。环境问题以及人与环境和谐相处问题一直都是人类社会的重要组成部分。自从世界许多地区环境条件恶化以来，可持续发展已成为人类社会公认的目标。全世界可持续发展目标是呼吁所有国家（不论该国是贫穷、富裕还是中等收入）行动起来，在促进经济繁荣的同时保护地球。目标明确，消除贫困必须与一系列战略齐头并进，包括促进经济增长，解决教育、卫生、社会保护和就业机会的社会需求，遏制气候变化和保护环境。从国家层面上来看，我国可持续发展的目标是实现社会进步、经济发展、环境保护的协调发展，生态文明建设是可持续发展的基础。可持续发展已经成为国家发展的重大战略方针，要想可持续发展，就要促进人与自然的和谐，实现经济发展和人口、资源、环境相协调，坚持走生产发展、生活富裕、生态良好的文明发展道路，保证一代接一代地永续发展。这表明可持续发展已经成为党和国家实现国家富强、民族复兴、社会和谐的内在要求和社会经济发展的基本要素。

人口激增、工业化导致的资源肆意开发、消费森林面积大面积减少、人均耕地面积减少、饮用水减少、全球变暖、冰川融化和野生动植物物种灭绝，这些严重的社会问题，都促使人类必须实施可持续发展。只有可持续发展才能既满足当代人的需求，又能为我们的子孙后代造福，人类才能得以延续，这都是必须实行可持续发展的重要体现。

参考文献：

［1］虞云国．中国人口史研究的里程碑——评葛剑雄主编的六卷本《中国人口史》［M］．上海：复旦大学出版社，2003.

［2］葛剑雄．中国历代人口数量的衍变及增减的原因［J］．党的文献，2008（2）：2.

［3］Lei Zhang and Dayong Zhang. Relationship between Ecological Civilization and Balanced Population Development in China［J］. Energy Procedia，2011（5）：2532－2535.

［4］佚名．亚马逊热带雨林遭到大规模破坏［J］．林业调查规划，2001（04）：75.

［5］程发良，孙成访．环境保护与可持续发展（第3版）［M］．北京：清华大学出版社，2013：61－62.

［6］Wilk R. Consumption，Human Needs and Global Environmental Change［J］. Global Environmental Change，2002，12（1）：5－13.

［7］张茆茆，卢广．流血的非洲血檀——血檀：濒危的非洲红木［J］．人与自然，2017（9）：10－15.

［8］本刊评论员．抵制“舌尖上的浪费”从你我做起［J］．中国食品工业，2021（10）：1.

［9］魏承瑶．非洲饥饿危机引世界关注［J］．粮食科技与经济，2018，43（10）：1.

第四节　生态文明与可持续发展的关系

生态文明追求的愿景是“人与自然和谐共生”，崇尚的是生态平等，遵循的是可持续发展。生态文明倡导的是文明、健康的消费方式，崇尚的是善待一切生命。面对资源约束趋紧、环境污染严重、生态系统退化的严峻形势，为推动形成人与自然和谐发展现代化建设新格局，促进区域乃至全球的社会、经济和环境的可持续发展，必须树立尊重自然、顺应自然、保护自然的生态文明理念。生态文明是人类对传统文明形态中有待完善之处、特别是对工业文明与环境的冲突进行深刻反思的成果，是人类文明形态和文明发展理念、道路和模式的重大进步。无论从生态文明内涵还是从生态文明本质来看，它与可持续发展存在着必然的联系，相辅相成，是一个不可分割、人类发展必不可少的系统。可持续发展是人类文明进步的表现，也是实现生态文明的重要途径[1]。

生态文明建设与可持续发展理论一脉相承，可持续发展是生态文明建设的理论基础，而生态文明建设被列为“五位一体”总体布局又拓展了可持续发展的经济发展、社会进步和环境保护的三大理论依据，是对可持续发展理论的拓展与升华。改革开放以来，我国经济发展取得了令人瞩目的成就，但同时也以高能耗和环境破坏为代价。党的十八大以来，以习近平同志为核心的党中央提出了一系列建设生态文明的新思路、新判断和新举措，这对我国实现经济社会发展、保护环境、促进环境可持续发展具有重要意义。

生态文明与可持续发展，既有联系，又有区别。二者的联系在于：生态文明理念是可持续发展理论的延伸拓展和中国化；生态文明与可持续发展理论都是在资源环境约束和社会经济发展矛盾日益突出的背景下提出的；生态文明与可持续发展都强调环境保护，但又不止于环境保护；生态文明与可持续发展强调的都是环境、经济、社会综合效益的并重，即系统整体效益的效益观。二者的区别在于：生态文明建设的理论基础更为宽泛。生态文明建设是以生态学、经济学、社会学、伦理学以及中国传统哲学理论基础的；可持续发展的理论基础主要包括环境承载力理论、环境价值理论和协同发展理论。生态文明建设不仅体现为一种发展观念，还更多地体现为一种执政理念。生态文明建设更强调价值观的改造和变革，生态文明建设思想既要求在产业结构、增长方式和消费模式上的转变，又强调思想观念和伦理价值的变革。

一、生态文明和可持续发展二者本质上是统一的

生态文明是以尊重自然、顺应自然和保护自然为前提，以人与自然和谐共生为宗旨，以建立可持续的生产方式、消费模式为内涵，以引导人类走上持续、和谐的发展方式为着眼点[2-3]。生态文明精神从历史层面给人启迪，引导人形成人与自然和谐共生的理念；可持续发展则更加偏重于从技术层面来指导人如何发展、如何保护自然，让人类永续发展。生态文明偏向于理论思想，可持续发展偏向于实践操作，理论和实践结合，二者最终的目的都是为人类谋幸福、为人类谋发展。

1. 生态文明与可持续发展具有同一性的因素

首先，生态文明与可持续发展都体现出公平性的要求[4]。生态文明与可持续发展都要求三方面的公平：一是时间维度的纵向公平，即当代人与后代人之间的代际公平。二是空间维度的横向公平，即同一代人不同人群之间的代内公平和不同区域之间的区际公平。三是要素维度的人地公平，即人与自然的公平。人地公平可产生代内关系效应，协调好人与自然的关系是实现代内公平的前提，生态文明与可持续发展都要求人类尊重自然、保护自然、回报自然，而不是一味地征服自然、索取自然、掠夺自然。人们应在自然环境能够承受的范围之内合理地开发利用自然资源，真正做到人与自然的公平。此外，人与自然公平是人与人之间公平的前提和保证。人类社会与自然环境的不公与强权是导致生态失衡、发展不可持续的深层原因。因此，人与自然协调公平是生态文明与可持续发展公平性的前提和基础。当代人在发展的过程中要合理利用资源和环境，不能肆意浪费资源，破坏环境，要给后代留一个生态良好、可持续发展的环境。

其次，生态文明与可持续发展都体现出了和谐性的因素。生态文明与可持续发展都是注重环境、人、社会三者之间的关系，让人与自然、人与社会和谐地共存和发展。马克思指出，人类社会面临着“两大变革”，那就是“人同自然的和解以及人同本身的和解”。这就表明了在客观世界里，人不仅仅要与人和谐相处，同时还要和自然环境和谐共生。生态文明与可持续发展都旨在促进人类之间及人类与自然之间的和谐。从人与人的关系上看，生态文明与可持续发展的和谐性包括代内关系和谐、区际关系和谐和代际关系和谐。从人与自然的关系上看，生态文明与可持续发展的和谐性是指人地关系和谐，即人与自然关系的和谐，就是要协调人类无限需求和地球有限供给之间的矛盾，实现人与自然之间的和谐。人们在开发自然的同时，也要注意保护自然，爱护环境。只有达到人与人、人与自然的和谐，整个客观世界才能达到真正的和谐。

最后，生态文明与可持续发展都体现出了可持续性的要求。生态文明的主要目的是达到一种平衡的、互动的、友好的状态，而不是一种竞争、无限度的破坏性的索取。生态文明是一种循环文明，它并不是单一地要求人与自然的相互利用的一次性结果，而是要求一种循环，这种循环就表现为一种持续性。而可持续发展的持续性包括经济、社会和生态的可持续发展。在可持续发展的体系中，经济的可持续发展是中坚力量，对社会的可持续发展起到推动作用。社会的可持续发展是整个体系的最终目标，整个可持续发展的体系是以生态的可持续为前提和基础的，如果生态环境得不到可持续发展，社会和经济就不可能得到可持续发展。可持续发展与生态环境不是孤立的，而是紧密相关的，发展并不一定带来环境的破坏，关键是采取什么样的发展方式。经济停滞和衰退不但不能解决环境问题，还可能加重环境危机。

总之，生态文明和可持续发展虽不是同一层次上的概念，但二者在内涵和要求上具有同一性的因素。生态文明以可持续发展为根据，以人类的可持续发展为着眼点。生态文明和可持续发展是一个有机整体，相互促进，共同发展。生态文明建设就是要使人们的生活环境和社会生产力的发展相互适应，使经济的发展和资源合理利用相互协调，实现利用和发展的良性循环的科学发展道路。

2. 本质相同的环境伦理观念

生态文明与可持续发展二者在环境理论学的理论和实践上具有高度的一致性和统一性，是本质上相同的环境伦理观念。

在人与自然的关系中，可持续发展主要强调人与自然的和谐统一，对于二者的价值和权利都是持肯定的态度。可持续发展主张，人们在快速高效地发展经济的同时，要保护自然环境，把“发展”和“可持续性”结合起来，要以人和自然协调发展的方式来实现，而不是自然为经济发展来服务，不能以环境污染、资源耗尽、生态破坏作为经济增长的代价。而生态文明观认为，人与自然是辩证统一的关系，二者既对立又统一，人与自然的关系处于不断的矛盾与协调中。从历史上看，人与自然最初是对立的，表现为人对自然的一种敬畏。随着科学技术的发展，人类开始认识和利用自然规律，对自然进行征服。与此同时，我们也承受着大自然的报复。为此，人们开始关注生态，尊重生态并渴望与生态环境和谐共生。

3. 生态文明与可持续发展具有一定的斗争性

可持续发展的前提和基础是发展，发展是可持续发展的重中之重，也是可持续发展的最终目的，而想要快速的发展，就需要社会和自然环境提供大量的人力、物力和财力。生态环境是实现生态文明建设的基础和前提条件，生态环境问题直接影响人们正常的生产和消费，并关系到人们的健康问题。自然资源是生态环境的重要组成因素之一，合理开发利用自然资源是生态文明建设最关注的问题。发展是以环境基础为依托的，需要从环境中获取自然资源，没有环境支持的发展也就无从谈起。因此，自然资源成了抑制发展的重要因素之一，从根本上说可持续发展和生态文明建设具有一定的斗争性。想要在发展和自然资源之间达到一种平衡，就要在可再生资源的开发和利用上不能超过自然资源的可再生能力；要合理开发和利用非可再生资源，并积极寻找非可再生资源的可替代资源，非可再生资源的使用速度不能超过其替代资源的研发速度。新能源的开发成为摆在人类面前的重要问题之一，这也是人类社会进步发展的亟待解决的问题。伴随着生物质能、风能、太阳能、水能、核能等新能源的使用，人类逐步从农业文明走向工业文明。而随着全球人口和经济规模的不断增长，能源使用带来的环境问题及其诱因不断地为人们所认识，不仅仅是空气污染、光化学烟雾和酸雨等危害，大气中二氧化碳浓度上升将带来的全球气候变化也已被确认为不争的事实。在此背景下，“低碳经济”“低碳技术”“低碳生活方式”“低碳社会”“低碳城市”“低碳世界”等一系列新概念、新政策应运而生。而能源、经济以至价值观大变革的结果，可能将为逐步迈向生态文明走出一条新路，即摒弃20世纪的传统增长模式，直接应用新世纪的创新技术与创新机制，通过低碳经济模式与低碳生活方式，实现社会可持续发展。但是新能源的研发仍然存在一定的难度，科技发展的缓慢也是阻碍发展的重要因素之一。

【延伸阅读】低碳，意指较低（更低）的温室气体（二氧化碳为主）排放。随着世界工业经济的发展、人口的剧增、人类欲望的无限上升和生产生活方式的无节制，世界气候面临越来越严重的问题，二氧化碳排放量越来越大，地球臭氧层正遭受前所未有的危机，全球灾难性气候变化屡屡出现，已经严重危害到人类的生存环境和健康安全，即使人类曾经引以为豪的高速增长或膨胀的GDP也因为环境污染、气候变化而大打折扣。减少排放二氧化碳的生活则叫作低碳生活。

生态文明作为一种新的文明形式，它遵循自然规律，以生态环境承载能力为基础，强调人与人、人与自然的和谐，强调合理开发与利用自然资源，减少污染物的排放，而发展要尽可能利用资源实现经济和社会的前进，二者之间的斗争性由此凸显出来。这种斗争性并不是不可解决的，它只是在一定程度上阻碍和延缓了发展的速度，但是人类社会的总体趋势还是在向前发展的。正是这种斗争性让人们了解了人类想要快速发展必须解决的问题，对人们认清问题、解决问题起到了良好的促进作用。随着科技的发展，这些问题必将得到解决，人类社会也必然会大踏步前进。

二、生态文明为可持续发展提供思想基础和精神动力

生态文明深化了人类对自然的认识，拓展了人类的道德关怀，提升了人类的精神境界。人是从自然界衍化而来的，人与自然的关系与生俱来，密不可分，人类的始祖最初完全依赖大自然[5]。生态文明整体发展、平等发展观点提倡一种全新的思维方式。生态文明激发了人对自然的亲近感、热爱感，进而养成对自然资源的珍爱感，人从内心深处认识到自然资源的有限性、使用资源的有价性，从而为可持续发展拓展了认识道路，提供了精神动力。

在人类文明的几千年的发展历史中，诞生过无数的文明、无数的国家。王朝的兴衰史见证了人类的发展变化过程，王朝的衰亡有人为战争导致，更有因环境气候的变迁所引起

的衰败。古代丝绸之路上曾有一个号称“璀璨明珠”的楼兰古国，曾经异常热闹与繁华。我们可以想象当年的楼兰驼铃悠悠，商贾不绝，一派“七里十万家”的繁荣景象。但是楼兰古国却在一夜之间就在丝绸之路上消失了。作为西域要塞，通往西域各国的中转站和商业中心，楼兰古国一直都是兵家必争之地，战争频发，这对本就生态系统脆弱的楼兰来说无疑是雪上加霜，那里的人们几乎没有保护环境的理念，加之气候的剧变造成了曾经美丽的楼兰古国消失在历史中[6]。同样的命运也在吴哥古城上演，曾经繁华的吴哥古城由于人口的激增，大量的原始森林被砍伐，增加了发生洪水和泥石流的风险，由于水利设施的设计不合理、河流的天然泄洪功能被破坏，土地和环境不堪重负，古代吴哥人选择了不合理的非可持续发展方式，使得局部生态循环完全被破坏了，最终导致了吴哥的衰落[7]。

中国古代先贤在对人与自然的思考和历史的发展经验中，早已经为我们提供了先进的思想，儒家有天人合一、因食取材、仁爱万物保护环境的哲学思想[8]，道家有“道法自然”的生态发展观和“天人合一”的生态道德观[9]。生态文明的概念虽然到今天才被提出，但是人与自然和谐共生、保护自然的理念早在几千年的古代就已经发展成熟，并且指导了中国古代人民几千年的发展。此外，《易经》所表达的平衡观体现了平衡是动态的、相对的原理，这种平衡是在发展中、变化中达到一种暂时的平衡。《周易》是流传至今最古老的一部展示中华先民智慧的著作，包含有丰富的生态伦理思想和理念，把天地万物、风调雨顺的自然现象与人类的伦理道德和发展紧密地联系在一起，总结了生态平衡与人类自身关联的种种感悟，提出了“天人合一”的生态理念。“天人合一”道出了世间万物平衡的原则。生态文明和可持续发展也是在动态发展过程中实现平衡的，以其特有的方式求得人类发展与自然的平衡，实现人与物质、精神的平衡，只有达到这种平衡时，生态文明才能达到人类最高境界。生态文明和可持续发展就是在发展过程中寻求人与自然、人与环境、发展与经济、环境与经济的平衡点。

【延伸阅读】丝绸之路，简称丝路，一般指陆上丝绸之路，广义上分为陆上丝绸之路和海上丝绸之路。

陆上丝绸之路起源于西汉（前202年至8年）汉武帝派张骞出使西域开辟的以首都长安为起点，经甘肃、新疆，到中亚、西亚，并连接地中海各国的陆上通道。因此，陆上丝绸之路的起点是西汉时的长安，也就是今天的中国陕西省省会西安。东汉时期丝绸之路的起点在洛阳，它的最初作用是运输中国古代出产的丝绸。1877年，德国地质地理学家李希霍芬在其著作《中国》一书中，把“从公元前114年至公元127年间，中国与中亚、中国与印度间以丝绸贸易为媒介的这条西域交通道路”命名为“丝绸之路”，这一名词很快被学术界和大众接受，并正式运用。

“海上丝绸之路”是古代中国与外国交通贸易和文化交往的海上通道，该路主要以南海为中心，所以又称南海丝绸之路。海上丝绸之路形成于秦汉时期，发展于三国至隋朝时期，繁荣于唐、宋、元、明时期，是已知的最为古老的海上航线。2014 年 6 月 22 日，中、哈、吉三国联合申报的陆上丝绸之路的东段“丝绸之路：长安—天山廊道的路网”成功申报为世界文化遗产，成为首例跨国合作而成功申遗的项目。

2013 年 9 月，中国国家主席习近平出访中亚，首次提出共建“丝绸之路经济带”倡议。2015 年 3 月 28 日，国家发展改革委、外交部、商务部联合发布了《推动共建丝绸之路经济带和 21 世纪海上丝绸之路的愿景与行动》。

人是从自然界衍化而来的，与自然的关系与生俱来，密不可分。工业文明后产生的一系列的全球环境问题引起了人们的警觉：是追求高能耗污染的盲目发展，还是寻求一种既满足当代人生存发展需要，又不损害子孙后代生存发展需要的发展。生态文明要求打破人类中心主义观念，在开发利用自然资源的同时规范人类的行为，维护人与自然的平衡和协调发展。

中国可持续发展必须以生态文明观为思想基础和精神支持。可持续发展对于每一个普通人来说或许显得很陌生，他们只会狭义地理解可持续发展就是对石油、矿产等能源物质的有计划地开发。这似乎让人们觉得可持续发展距离自己很遥远。但是，生态文明的提出让人们更加充分认识和理解了可持续发展的重要性和必要性。今天关于生态文明的标语随处可见，保护环境的观念已经深入人心，让人们从身边的小事做起，全民参与到建设生态文明和走可持续发展的道路中来。在生产和生活中、在技术创新和制度创新中，都坚持生态文明取向，积极保护资源，合理有效地开发利用资源，有效地建设生态文明，为我国的可持续发展提供良好的资源环境条件。

三、生态文明为可持续发展提供有力支持

生态文明是可持续发展的最佳社会形态，人类的发展只有与自然保持一种和谐状态，才是长久可持续的，人类任何对自然资源掠夺性的开发和利用都是一种短视的行为。生态文明属于道德范畴，在它的规范约束下，可以激发科技人员从事生态科技的兴趣和热情，成为可持续发展的有力支撑。好的技术要成功地实施和创造就必须要有先进的、正确的理念作为指导。

历史上由于人类滥用科技，造成生态和人类灾难的例子不胜枚举。枪械的发明大大提高了作战人员的战斗力和杀伤力，但是同样也给平民带来了巨大的痛苦。大规模杀伤性武

器的运用使得战争死亡的人数急剧增加，仅在一战和二战期间就造成了大约8000万人死亡、1.5亿人受伤，无数家庭妻离子散。直到今天，中东地区和一些非洲国家还处于战乱之中，让无数平民家破人亡，对人类和环境都造成了巨大的伤害。此外，核能的利用是一把双刃剑，它为人类带来巨大能量的同时，还给人类带来了巨大伤害。二战中广岛、长崎的原子弹爆炸，造成24万人死亡，十几万人终身残疾。苏联切尔诺贝利核电站事故，引起的核污染在15年中造成了6—8万人死亡，10多万人因核污染遭受疾病的折磨，对当地环境造成了永久的破坏；几十年过去了，切尔诺贝利地区仍然是无人区，核辐射几十年后仍然对生态环境造成严重危害[10]。科技本来是用于管理、保护和以持续的方式开发利用自然的重要工具，是建设良好生态和美好家园的手段，但使用不当或滥用科技却会使它成为污染环境、破坏生态的罪魁祸首。因此，科学家应该把掌握的科技用于为人类的利益服务；同时，科学家应该关切科技应用的后果，并根据科学应造福于人类的福利和维持生态平衡的准则，同各种各样滥用科技的行为作斗争。爱因斯坦说："如果你们想使你们一生的工作有益于人类，那么，你们只懂得应用科学本身是不够的。关心人的本身，应当始终成为一切技术上奋斗的主要目标；关心怎样组织人的劳动和产品分配这样一些尚未解决的重大问题，用以保证科学思想的成果会造福人类，而不致成为祸害。"

时代对科学家提出了更高的生态道德要求，即"热爱自然，尊重生命，保护环境，节约资源，对生命和维护地球基本生态平衡承担责任"，致力于研究开发生态科技，把毕生的精力投入到人类的进步和可持续发展事业中。

四、可持续发展是实现生态文明的必由之路

可持续发展是人类在长期生存、发展过程中总结出来的宝贵财富，是建设生态文明的必由之路[11]。可持续发展是实现生态文明之路所不可缺少的发展道路，生态文明是当今时代需要的一种新的文明理念，它摒弃了征服自然、人定胜天、人类主宰自然的旧观念，逐步地扭转了原有传统的不良行为。生态文明在提倡经济社会可持续发展的同时，倡导尊重自然、崇尚自然、保护自然、合理利用自然资源，在符合自然规律的前提条件下，持续地利用自然给人类带来的物质资源，达到人类与自然的最大和谐程度。可持续发展道路是以绿色经济、低碳经济、循环经济、资源持续利用、能源节约化为特色的发展道路，带给人类绿色生活、低碳生活，创造社会的和谐文明。生态文明则依靠这样的发展方式，带来物质文明和精神文明的同时，也带来以提高生活质量、建立健康和谐社会为目标的精神文明和食粮，为人类的可持续发展创造良好的社会、环境和生存条件。

可持续发展是人类文明进步的表现，也是实现生态文明的重要途径。生态文明建设需要走可持续发展道路，只有坚持可持续发展道路，节能减排、提高能源利用率、发展低碳

经济、发展绿色经济，才能促进可持续发展。生态文明建设推动可持续发展，可持续发展又支撑生态文明建设，它们之间既是相辅相成的关系，又是互相促进的关系，生态文明建设需要经济社会、环境与发展的可持续性。

生态文明系统要求把工业经济活动组织变成为“自然资源—产品—再生资源”的封闭式流程，所有的原料和能源要能在不断进行的经济循环中得到合理利用，有效利用有限的各种资源，最大限度地优化配置全球经济资源，把经济活动对自然环境的影响控制在尽可能小的程度。从系统的角度来思考，生态文明系统要求经济的增长必须以集中资源、消除多余、提高效率、力争效益来实现。因此，生态文明是可持续发展在经济方面的重要支持。

生态文明是按照自然生态系统的模式，在人与人、人与自然之间组成一个稳定高效的系统，通过复杂的物质链和物质网，系统中一切可以利用的物质和能源都得到充分的利用。生态文明系统中的生产组织，是人类社会与自然社会系统相互作用最为强烈的一个子系统，这主要表现为：它能快速、大量地从自然资源库中提取、消耗各种再生和不可再生的原料；在生产各种产品、提供各种服务的过程中大量地排放各种废物；不同产品在短时间被人们使用后，最终以废弃物的形式返回大自然。而生态文明系统中的生产组织最基本的目标是降低因为生产浪费的大量材料和能源对自然界的生态系统造成的负面冲击。所以，通过环境关系，生态文明生产组织的基本目标与可持续联系起来，生产组织与自然环境之间的协调发展会对人类社会的可持续发展起着举足轻重的影响。通过闭路循环，减少生产组织对资源和能源的大量消耗和对自然环境的污染，它不仅满足了现在的发展需要，同时帮助下一代能够有能力满足自己的需要。在建设生态文明系统中，通过掩埋式垃圾处理场、清洁生产、绿色化学、环境技术等方法，将会有更多的资源可以利用，更少的空间被占用，从而在环境因素上达到可持续发展的目标。

我国现代经济健康发展和可持续发展的基本实践，实际上是以生态文明建设为基础、以物质文明建设为中心、以精神文明建设为保证的三大文明建设互为条件、相互促进的全面协调发展的过程，是一条有中国特色的可持续发展道路。

“生态文明建设是关乎中华民族永续发展的根本大计。”生态文明建设是当前的动力，是未来的优势。“走向生态文明新时代，建设美丽中国，是实现中华民族伟大复兴中国梦的重要内容。”习近平生态文明思想对建设生态文明、建设美丽中国、实现社会主义现代化和中华民族伟大复兴具有积极的指导意义和现实价值。只有坚持和落实习近平生态文明思想，才能在环境保护和治理上取得新的突破。只有这样，我们才能进入生态文明的新时代，建设生态文明的美丽中国，实现经济建设和环境保护的可持续发展，实现社会主义现代化和中华民族的伟大复兴。

参考文献：

[1] 谢永明，余立风．生态文明与可持续发展关系探讨[J]．环境与可持续发展，2012，37（4）：5.

[2] 赵其国，黄国勤，马艳芹．中国生态环境状况与生态文明建设[J]．生态学报，2016，36（19）：6328－6335.

[3] 陈从喜，马永欢，王楠，等．生态国土建设的科学内涵和基本框架[J]．资源科学，2018，40（06）：1130－1137.

[4] 王婷．生态文明与可持续发展关系的哲学思考[D]．昆明：昆明理工大学，2012.

[5] 何光文，朱进彬．浅论科学发展观与中国生态文明建设[J]．中国市场，2008（22）：2.

[6] 王守春．楼兰古城兴废的历史教训[J]．中国历史地理论丛，2002，17（2）：3.

[7] 张秋侠．气候变化对吴哥王朝的影响[J]．青春岁月，2017（7）：1.

[8] 李一楠．浅析儒家思想中的环境保护观[J]．江西青年职业学院学报，2015，25（3）：3.

[9] 何瑞杰．《庄子》自然哲学观及其对环境保护的启示[J]．魅力中国，2018.

[10] 胡国辉，张春粦．切尔诺贝利核电站事故与广东大亚湾核电站安全[J]．暨南大学学报（自然科学版），2000.

[11] 习谏．论生态文明与循环经济、可持续发展的关系[J]．职业时空，2008（3）：49－50.

本章知识拓展与讨论思考

知识拓展：

1. 健康、气候、生物多样性危机（上）

2. 健康、气候、生物多样性危机（中）

3. 健康、气候、生物多样性危机（下）

讨论思考：

1. 可持续发展的内涵是什么？
2. 可持续发展的原则是什么？
3. 如何理解人类经济社会发展过程中实施可持续发展的重要性？
4. 如何理解可持续发展与生态文明建设之间的关系？

第四章

新时代生态文明概述

第一节　生态文明诞生的时代背景

20世纪70年代后，生态文明与可持续发展问题受到人们的普遍关注。人们深刻地感受到，现代社会和现代人已经陷入了一场严重的生态危机、道德危机和社会危机，人类传统的发展和文明观面临严峻挑战。1992年联合国环境与发展大会召开，可持续发展思想由共识变成各国人民的行动纲领，生态文明应运而生。自20世纪90年代以来，随着生态文明和可持续发展的公众意识、执政理念、理论研究和实践探索日益得到全球共识，学术界对生态文明的理论范畴与实践方向研究也进入一个新的阶段。围绕生态文明与可持续发展这一主题，国内外学者进行了多方面、多角度、多层次的研究。

一、国外对生态文明的研究背景

早在20世纪60年代就有国外学者陆续展开了对生态问题的关注。彼时以来，面对因城市化、工业化加速推进所导致的生态环境的持续恶化问题，众多的西方学者陆续著书立说，从而引发对生态环境问题的研究，而且研究视角和领域也呈现出不断扩大的态势，即从关注防治环境污染的技术层面逐步深入到对资本主义生产生活方式的批判。一般认为，人类真正意义上环境保护意识的觉醒是以1962年美国著名生物学家蕾切尔·卡逊发表小说《寂静的春天》为标志的，该书通过描述因农药的大量使用所带来的环境污染进而导致了一个寂静的春天，揭示了滥用化学农药对生态环境和人类生存与发展的严重危害，从而引发了人们对生态环境问题的深刻反思。随后，大量生态环境的研究成果逐渐涌现出来，但国外并没有学者明确提出“生态文明”一词。

【延伸阅读】《寂静的春天》是美国科普作家蕾切尔·卡逊创作的科普读物，首次出版于1962年。

在这本书中，卡逊以生动而严肃的笔触，描写因过度使用化学药品和肥料而导致环境污染、生态破坏，最终给人类带来不堪重负的灾难，阐述了农药对环境的污染，用生态学的原理分析了这些化学杀虫剂对人类赖以生存的生态系统带来的危害，指出人类用自己制造的毒药来提高农业产量，无异于饮鸩止渴，人类应该走“另外的路”。

二、国内对生态文明的研究现状

我国学者对生态文明的关注始于20世纪80年代。近年来，尤其是党的十七大将生态文明纳入国家治理理念以后，国内关于生态文明的研究逐渐升温，出现了大量的研究专著、译著和论文。梳理国内关于生态文明的探讨，其视角既包括对其理论层面探讨，也包括对其实践路径层面的探讨。据考证，在学术层面，率先提出生态文明这一概念的当属我国著名生态学家叶谦吉先生。1987 年，在全国生态农业问题研讨会上，叶谦吉先生就明确提出了应“大力提倡生态文明建设”的思想。

尽管生态文明这个概念已经写入党的十八大报告，也成为国内学者热用的一个概念，但是如何真正唤醒中国走向生态文明的主体意识，正所谓“不破不立，破而后立，大破大立，晓喻新生”。因为新时代中国现代化的建设，不仅要以西方工业文明为参照系，更需要契合自身的社会主义初级阶段的国情与特色，实现理论与实践相结合的创新与发展。

当代中国发展面临着双重任务：一是要继承西方工业经济的遗产，完成以自主创新制度为核心的财富可持续增长模式的建立；二是要迎接新经济革命的挑战，完成旨在实现经济、社会与环境协调的可持续发展模式的建设。

总的来说，西方国家较早地从多角度对生态环境保护领域问题进行研究、探讨，并形成了系列丰富成果，为我国生态文明理论研究向更宽广、更深入领域推进提供了很好的借鉴。但从研究的方法看，大多西方研究还停留在经验的层面，而且大都以西方国家为中心，对中国生态文明建设问题方面的论述并不多见。虽然，国内学者对生态文明基础理论问题的研究成果之显著有目共睹，特别是学界围绕生态文明路径的探讨，无论在理论上还是在实践上都具有重要的参考价值。但是，国内学界既有的研究成果也存在着缺憾：从研究的学科看，侧重于某一学科研究的居多，综合运用系统科学的研究有待于进一步加强；从研究的内容看，主要表现在以“务实”性的具体原因和对策等研究居多，对产生生态环境问题发生的深层次原因解释尚有待于进一步挖掘。

第二节 习近平生态文明思想的形成与发展

一、习近平生态文明思想的理论溯源

习近平生态文明思想是融合马克思主义理论、中国传统文化、国际形势变化与中国特色社会主义建设实践的科学理论体系。

1. 马克思主义哲学的理论引领

生产力是马克思主义哲学的基础性概念之一，是人类社会生活和全部历史的基础，通常理解为人类在生产实践中形成的改造和影响自然使其适应社会需要的物质力量。马克思

在《德意志意识形态》中曾对生产力进行过界定："由此可见，一定的生产方式或一定的工业阶段始终是与一定的共同活动的方式或一定的社会阶段联系着的，而这种共同活动方式本身就是生产力。"发展生产力可以多种多样，提高劳动者素质、拓宽对象范围、发明更好的工具、确保生态安全、保护生态环境，都可以提高社会生产力。但传统的生产力观往往把人与自然对立起来，而忽视了生产力是自然生产力与社会生产力的辩证统一。特别是工业文明时代以来，工业革命使得人类各种技术手段大幅提升，人类改造自然的活动领域和范围不断扩大，人类同自然作斗争的能力得到极大提升。正如马克思所言："资本主义在它的不到一百年的阶级统治中所创造的生产力，比过去一切世代创造的全部生产力还要多，还要大。"[1]这也让人类向自然获取资源、侵占各类栖息地的"能力"大幅度提高，这些行为导致森林、湿地等维系物种生存、环境健康的生态系统大幅减少，人与自然的对立和冲突也愈发尖锐，人类的发展模式也变得愈发不可持续。

【延伸阅读】生产力即社会生产力，也称"物质生产力"，它是人们实践能力的最终结果，是生产方式的一个方面。它是指人们用来生产物质资料的那些自然对象与自然力的关系，表明生产过程中人与自然的关系。生产力是人类社会存在和发展的基础，是推动历史前进的决定力量。

工业文明时代对生产力的提升，在利用自然促进和改善人类生产生活的同时，前所未有地干扰了自然生态系统，它单纯追求剩余价值为目标的异化生产只是把自然当作原材料和满足增加已有价值的需要而存在的东西，这种对自然的掠夺性开发"剥夺了整个自然界——人类世界和自然界的价值"[1]。这一资本的必然逻辑暴露出了它反生态的本来面目。

工业文明时代，资本主义对利益的追逐促进了社会的快速发展，但同时也让人与自然的关系变得更加对立和紧张。日益恶化的生态环境问题也促进了人们生态环境意识的觉醒，人类社会也迫切需要一种新的生态观来指导人们对自然资源的利用和开发，从而改善人与自然的关系。

恩格斯曾警告，人对大自然的"每一次胜利，起初确实取得了我们预期的结果，但是往后和再往后却发生完全不同的、出乎预料的影响，常常把最初的结果又消除了"[2]。马克思恩格斯在关注人类前途命运、追寻人的全面自由发展的过程中，在深刻探讨人与自然关系问题基础上形成的丰富而系统的辩证唯物主义生态思想，并在其不同时期的论著中多次涉及，这为消解当代生态环境问题提供了一把钥匙，为习近平生态文明思想的提出奠定了基础[3]。

党的十八大以来，习近平总书记以马克思主义人与自然观理论家、战略家、思想家新的理论境界、开放视野和博大胸怀，就生态文明建设作了一系列重要论述，提出了一系列事关生态文明建设基本内涵、本质特征、演变规律、发展动力和历史使命等崭新科学论断，全面、系统、深刻回答了当代中国和世界生态文明建设发展面临的一系列重大理论和现实问题，形成了习近平生态文明思想，成为习近平新时代中国特色社会主义思想的重要组成部分。从马克思主义整体性研究视角看，习近平生态文明思想是在继马克思主义科学理论体系主要是由马克思主义哲学、马克思主义政治经济学、科学社会主义三大科学学说组成的传统认识之后，由马克思主义中国化的马克思主义经典作家创立的关于人类社会到达人与自然和谐和解、和谐共生较高发展阶段的第四大科学学说。它集中体现了马克思主义哲学、马克思主义政治经济学和科学社会主义的立场、观点和方法，是集马克思主义哲学、政治经济学和科学社会主义于一体的科学完整的理论体系[4]。改革开放以来的很长一段时间里，我国社会发展依然广泛存在高投入、高能耗、高污染的现象，这带动了世界经济的发展，但对世界也有负面的影响，被认为是“红色火车头”，而我们却应该打造一个“绿色火车头”。

2013 年 4 月，习近平总书记在海南考察时指出：“纵观世界发展史，保护生态环境就是保护生产力，改善生态环境就是发展生产力。”[5]这是提纲挈领地指明新时代发展生产力的重点。

2. 中国传统文化的思想承继

习近平生态文明思想中包含着非常丰富的传统文化元素。习近平总书记在诸多系列重要论述中引用了包括儒家、道家等在内的主要理论学派代表人物的观点，还引用了《诗经》《左传》及许慎、白居易、苏轼、范仲淹等古代文学作品及著名诗人、文学家的文论诗赋，并将其与生态文明思想做了密切衔接。

中国传统文化博大精深、源远流长，其中的生态智慧更是中华传统文化中的瑰宝。习近平生态文明思想，有着对渊深博大的中国传统哲学基因的继承与发展。

老子认为：“道生一，一生二，二生三，三生万物。”“人法地，地法天，天法道，道法自然。”这是强调道的本质就是自然，这个“自然”，即指自然规律。庄子认为：“为事逆之则败，顺之则成。”“无以人灭天，无以故灭命，无以得殉名。”这告诉我们，要尊重自然规律，否则会受到大自然的报复。同时，老子还提倡“去甚、去奢、去泰”，知止知足，拒绝奢侈浪费，这些都是生态文明思想最直接的反映[6]。习近平总书记明确提出：“要顺应自然、坚持自然修复为主。减少人为扰动，把生物措施、农艺措施与工程措施结合起来，祛滞化淤，固本培元，恢复河流生态环境。”[7]这是结合当代生态环境保护现状，从中国古代哲学顺应自然观念中提炼出来的发展举措。

对生态和自然的尊重，同样也在儒家学派的著述中有丰富体现。《论语》中也有许多地方描述顺应自然，和谐共存的思想。如《述而》中的“子钓而不纲，弋不射宿”（孔子只用鱼竿钓鱼，而不用大网来捕鱼；用带的箭射鸟，但不射归巢栖息的鸟），告诉人们要对动物心存仁爱，不可滥捕滥杀，影响到它们的正常繁衍生息，体现了儒家学说对天人关系的重视和万物和谐共存的理念主张。《孟子·梁惠王上》中记录了孟子和梁惠王的对话，其中孟子说“不违农时，谷不可胜食也；数罟不入洿池，鱼鳖不可胜食也；斧斤以时入山林，材木不可胜用也。谷与鱼鳖不可胜食，材木不可胜用”（不耽误农业生产的季节，粮食就会吃不完；密网不下到池塘里，鱼鳖之类的水产就会吃不完；按一定的季节入山伐木，木材就会用不完），再一次阐述了人要顺应自然，才能与自然和谐共存的思想。《荀子·王制》中讲：“圣王之制也：草木荣华滋硕之时，则斧斤不入山林，不夭其生，不绝其长也；鼋鼍、鱼鳖、鳅鳝孕别之时，罔罟毒药不入泽，不夭其生，不绝其长也；春耕、夏耘、秋收、冬藏四者不失时，故五谷不绝，而百姓有余食也；洿池、渊沼、川泽谨其时禁，故鱼鳖优多，而百姓有余用也；斩伐养长不失其时，故山林不童，而百姓有余材也。”这段记载表明了荀子对待自然、对待生态的主张：只有因时制宜，才能使万物繁盛；只有“取之有时用之有节”，才能保证资源永不匮乏。因此，圣明帝王需要做的就是要合理利用自然资源，要制定法规，让百姓按时节砍伐山林、捕捞鱼鳖。《吕氏春秋》中说：“竭泽而渔，岂不获得？而明年无鱼；焚薮而田，岂不获得？而明年无兽。”2016 年 1 月，习近平在省部级主要领导干部学习贯彻党的十八届五中全会精神专题研讨班上的讲话，引用了上述古人观点，强调对自然要取之以时、取之有度，实现人与自然和谐共生。

佛家同样有关于人与自然的阐述。《古尊宿语录》中的“天地与我同根，万物与我一体”，主张人与自然是一体的，人作为自然的一个部分，要融入自然，进入“无我”的精神境界。此外，佛家强调因果报应，“欲知过去因，今生受者是；欲知未来果，今生作者是”这一观点在人与自然相互影响、相互作用的现代语境下，对于避免人类无休止地向自然毫无节制地索取或进行毁灭性掠夺，违背自然规律、破坏生态环境的行为具有积极的劝阻意义，强调爱护大自然就是爱护我们自己，二者不可分割。佛家恪守“不杀生”的戒律，这种坚守也从很大程度上反映了佛家对生命的珍视，起到了保护自然资源、维护生态平衡的作用。佛教倡导“众生平等”，所谓众生，不仅仅是指人类，还包括山川大地、江河湖海和百草树木等。

2013 年 5 月 24 日，习近平总书记在十八届中央政治局第六次集体学习时的讲话中指出，“我们中华文明传承五千多年来，积淀了丰富的生态智慧。‘天人合一’‘道法自然’的哲理思想，‘劝君莫打三春鸟，儿在巢中望母归’的经典诗句，‘一粥一饭，当思来处不易；半丝半缕，恒念物力维艰’的治家格言，这些质朴睿智的自然观，至今仍给人深刻警示和启迪”[8]；2015年11月30日在气候变化巴黎大会开幕式上的讲话中则强调指出，“万物各得其和以生，各得其养以成。中华文明历来强调天人合一、尊重自然”[9]。

我国传统文化中所倡导的“天人合一”“和谐共存”“顺应自然”等价值理念，在习近平生态文明思想中得到了充分的继承与弘扬，并做了许多创造性的阐释与拓展，把生态文明建设融入经济、政治、文化、教育、社会发展的各个方面，为推进美丽中国建设、实现人与自然和谐共生的现代化提供了方向指引和根本遵循。

3. 国际形势变化与中国特色社会主义建设的时代契机

工业革命带动的资本主义生产方式以极大的主动性影响并推动着世界生产力水平的提高。但由于片面追求经济效益，忽视自然承受力，粗放的竭泽而渔式的发展，特别是没有限制的资源索取和不计后果的污染排放，使得生态环境愈发恶化。在地球46亿年的历史中，已经发生过5次生物大灭绝，工业文明时代的这种发展模式，成为现在正在发生的第六次生物大灭绝的催化剂。与生物多样性危机相伴而生的还有气候危机和公共健康危机。

【延伸阅读】 生物大灭绝是指大规模的集群灭绝，生物灭绝又叫生物绝种，整科、整目甚至整纲的生物在很短的时间内彻底消失或仅有极少数存留下来。在集群灭绝过程中，往往是整个分类单元中的所有物种灭绝。生物大灭绝标志生物无论在生态系统中的地位如何，都逃不过劫难，而且还经常是很多不同的生物类群一起灭绝，却总有其他一些类群幸免于难，还有一些类群从此诞生或开始繁盛。集群灭绝对动物的影响最大，而陆生植物的集群灭绝不像动物那样显著。

1962年，《寂静的春天》的出版，以严谨求实的科学理性精神和充溢着敬畏生命的人文情怀和生动的语言描述了工业革命以来生态环境所遭受的重创，引起了极大的社会关注和影响，开启了近代世界环境运动。美国前副总统阿尔·戈尔在给《寂静的春天》写序时深刻地指出：“一种思想的力量远比政治家的力量更强大。”[10]20世纪70年代，风起云涌的环境运动产生了巨大的社会震颤，这股浪潮持续至今，并在国际、国内不断深化：1972年6月5日，探讨保护全球环境战略的第一次国际大会——联合国人类环境会议在瑞典斯德哥尔摩召开，会议通过了《联合国人类环境会议宣言》。这次大会让人类切实认识到“只有一个地球”，人与环境是不可分割的“共同体”。中国代表团也积极参与了宣言的起草工作，并在会上提出了经周恩来总理审定的中国政府关于环境保护的32字方针：“全面规划，合理布局，综合利用，化害为利，依靠群众，大家动手，保护环境，造福人民。”1978年，“国家保护环境和自然资源，防治污染和其他公害”等内容被写入了我国《宪法》。1992 年 6 月，联合国环境与发展大会在巴西里约热内卢召开，时任国务委员宋健率中国代表团参加会议并作重要发言。这是继 1972 年联合国人类环境会议之后，环境与发展领域中规模最大、级别最高的一次国际会议。会议通过关于环境与发展的《里约热内卢宣言》和《21 世纪行动议程》，并对《联合国气候变化框架公约》和《联合国生物多样性公约》开放签字。在这一年，中国正式签署了联合国《生物多样性公约》，成为缔约国。之后，中国从自身国情出发，制定了《中国 21 世纪议程》（又称《中国 21 世纪人口、环境与发展白皮书》），我国的环保事业也从过去以植树造林、污染防治为主，逐渐转向更为全面的生物多样性保护事业和生态文明建设事业。2021 年 10 月，第十五届联合国《生物多样性公约》第 15 次缔约方大会第一阶段会议首次在中国昆明召开，世界也共同见证了生态文明建设引领下中国为共建地球生命共同体所付出的卓越努力与成果。

【延伸阅读】《生物多样性公约》（Convention on Biological Diversity）是一项保护地球生物资源的国际性公约，于 1992 年 6 月 1 日由联合国环境规划署发起的政府间谈判委员会第七次会议在内罗毕通过，1992 年 6 月 5 日由签约国在巴西里约热内卢举行的联合国环境与发展大会上签署。公约于 1993 年 12 月 29 日正式生效。常设秘书处设在加拿大的蒙特利尔。

中国特色社会主义建设与国际形势变化密切衔接，也是对马克思主义的继承与发展。自中国共产党第十二次全国代表大会提出“走自己的道路，建设有中国特色的社会主义”以来，十三大、十四大、十五大、十六大都是一以贯之地紧紧抓住和体现中国特色社会主义这个主题。在我国改革发展关键阶段召开的中国共产党第十七次全国代表大会，作出了一项历史性的重大决策，郑重而鲜明地提出了高举中国特色社会主义伟大旗帜，坚持中国特色社会主义道路、坚持中国特色社会主义理论体系，这是开创中国特色社会主义新局面的根本思想基础。中国特色社会主义旗帜、道路、理论体系及其实践也是马克思主义中国化划时代的历史性成果[11]。进入 21 世纪，世界和中国发展变化的广度、深度都远远超出了以往任何时期。党的十八大以来，国内外形势变化和我国各项事业发展都向我们提出了一个重大时代课题，这就是必须从理论和实践结合上系统回答新时代坚持和发展什么样的中国特色社会主义、怎样坚持和发展中国特色社会主义。围绕这个重大时代课题，中国共产党继续进行理论探索并取得重大理论创新成果，创立了习近平新时代中国特色社会主义思想。

在基层任职和担任省级领导人期间，习近平就十分重视利用生态环境来发展经济，利用当地的自然优势，推动相关产业的发展，以促进经济的增长。在 1992 年的《福州市 20

年经济社会发展战略设想》中，习近平指出要把福州建设成为“清洁、优美、舒适、安静，生态环境基本恢复到良性循环的沿海开放城市”，这是他首次在区域经济社会发展战略中正式规划生态环境问题[12]。丰富的执政经历使得习近平对生态环境保护与社会经济发展的关系有了深刻思考与论断。“绿水青山就是金山银山”作为习近平生态文明思想的一个重要的科学论断，习近平任职福建期间已有相似的观点——“青山绿水也是真金白银”。

2012 年 11 月，刚刚当选的中国共产党第十八届中央政治局常委与中外记者见面时，习近平总书记表示：“人民对美好生活的向往，就是我们的奋斗目标。”[13]中国特色社会主义进入新时代，以习近平同志为核心的党中央坚持以人民为中心的发展思想，不断增强广大人民群众获得感、幸福感、安全感，促进人的全面发展和社会全面进步。2013 年 5 月，习近平在十八届中央政治局第六次集体学习时的讲话中指出：“生态文明是人类社会进步的重大成果。人类经历了原始文明、农业文明、工业文明，生态文明是工业文明发展到一定阶段的产物，是实现人与自然和谐发展的新要求。历史地看，生态兴则文明兴，生态衰则文明衰。古今中外，这方面的事例众多。”9 月，习近平在纳扎尔巴耶夫大学谈到环境保护问题时指出：“我们既要绿水青山，也要金山银山。宁要绿水青山，不要金山银山，而且绿水青山就是金山银山。”[14]在党的十九大报告中，习近平总书记强调：“新时代中国特色社会主义思想，是对马克思列宁主义、毛泽东思想、邓小平理论、‘三个代表’重要思想、科学发展观的继承和发展，是马克思主义中国化最新成果，是党和人民实践经验和集体智慧的结晶，是中国特色社会主义理论体系的重要组成部分。”习近平新时代中国特色社会主义思想以全新的视野深化了对共产党执政规律、社会主义建设规律、人类社会发展规律的认识，开辟了马克思主义中国化的新境界[15]。2021 年 4 月，习近平在参加首都义务植树时指出“生态文明建设是新时代中国特色社会主义的一个重要特征”。

习近平生态文明思想作为习近平新时代中国特色社会主义思想的重要组成部分，是马克思主义关于人与自然关系思想在中国的最新发展，是中国共产党对人类社会发展规律和中国特色社会主义事业发展规律认识所取得的重大理论成果。

二、习近平生态文明思想是新的世界观和方法论

生态文明，是人类文明的一场伟大变革。人类文明的发展经历了原始文明到农业文明再到工业文明等几个发展阶段，现在人类正处于由工业文明向生态文明转型的交汇期。

原始文明时代，人类的潜能和本质尚未得到充分的发挥和展现。因此，人类只能被动地适应自然，屈从于自然。在原始文明的早期，人类几乎和其他动物一样不自主地将自己融入自然界之中，其物质生产活动依赖简单的采集渔猎且“听天由命”的同时，也保持着

对自然的崇尚和敬畏。

农业文明时代，人类进入了“通过自己的活动改变自然物质形态”的新阶段。人们开始意识到，自己具有改变自然的能力，铁器随之出现，并通过大规模的驯养动物、种植植物，改变聚居区域的自然环境，不断提升社会生产力。随着经济的发展、社会的进步、人口的不断增加，人类的主体意识也在改造自然的过程中得以逐步确立。

工业文明时代，科学技术的大爆发和飞速进步，赋予了人类越来越多的改造世界的能力。在改造世界的过程中不仅创造出巨大的物质文明，也从根本上改变了自古以来所形成的人类对大自然的理念，征服取代敬畏日益成为人们对待自然的一种价值取向和行为哲学。人类对大自然的态度的转变，使得人类开始更加随心所欲地开发、使用和浪费自然资源，也由此引发了一系列生态环境问题和日益加速的生物多样性危机。

生态文明时代，需要人类重新审视人与自然的关系，解决保护与发展的冲突，实现可持续发展[16]。因此，生态文明是相对于原始文明、农业文明、工业文明而言，更高效率、更高科技、最低消耗、最低污染的人与自然、人与社会整体协调、循环再生、健康持续发展的一种社会形态，实现生态文明，是实现人与自然可持续发展的必备条件[6]。中国在这方面已经走在世界前列。习近平生态文明思想的核心价值，是对生态文明时代的积极拥抱。马克思指出：“任何真正的哲学都是自己时代精神的精华”[1]。习近平生态文明思想是对马克思主义哲学的新发展，是新的世界观和方法论[17]。

参考文献：

[1] 马克思恩格斯选集（第1卷）[M]．北京：人民出版社，2012：52+55+121+160+421.

[2] 马克思恩格斯文集：第9卷[M]．北京：人民出版社，2009：560.

[3] 刘海霞．马克思恩格斯生态思想及其当代价值研究[D]．兰州：西北师范大学，2015.

[4] 黄承梁．着力推进习近平生态文明思想马克思主义整体性研究[EB/OL]．(2019-12-05)．中国共产党新闻网．

[5] 习近平．在海南考察工作结束时的讲话[N]．人民日报，2013-04-11.

[6] 林丽琼，黄丹．中国传统文化中的生态文明思想及表现[J]．北方文学：中，2018（2）：1.

[7] 张晶．生态文明思想蕴含中国传统生态智慧[N]．经济日报，2019-04-11.

[8] 潘家华，黄承梁，庄贵阳，等．指导生态文明建设的思想武器和行动指南[N]．中国环境报，2018-05-21（3）．

[9] 习近平．从巴黎到杭州，应对气候变化在行动[M] //习近平二十国集团领导人杭州峰会讲话选编．北京：外文出版社，2017：17.

[10] [美] 蕾切尔·卡森．寂静的春天（引言）[M]．吕瑞兰，李长生，译．上海：上海译文出版社，2011：5.

[11] 田瑞兰，王梦圆．解读中国特色社会主义的三个维度[J]．河北大学学报（哲学社会科学版），2008，33（2）：4.

[12] 胡熠，黎元生．习近平生态文明思想在福建的孕育与实践[N]．学习时报，2019－01－09.

[13] 习近平．人民对美好生活的向往就是我们的奋斗目标[EB/OL]．（2012－11－15）．人民网．

[14] 习近平．习近平在纳扎尔巴耶夫大学的演讲[N]．人民日报，2013－9－8（03）．

[15] 陈曙光．习近平新时代中国特色社会主义思想的重大意义[N]．光明日报，2017－11－24.

[16] 周晋峰．生态文明时代的生物多样性保护理念变革[J]．学术前沿，2022（02下）．

[17] 周晋峰．生态文明思想是新的世界观、新的方法论[Z]．中国生物多样性保护与绿色发展基金会，2020－10－17.

第三节　新时代生态文明建设的理论和内容

一、加强生态文明建设的时代意义

2021 年是中国共产党建党 100 周年。建党百年可以划分为三个发展阶段：第一个阶段为 1921 年中国共产党成立至 1976 年。在这一阶段，毛主席提出了无产阶级专政下的继续革命理论，以抓革命、促生产为核心，坚持以阶级斗争为纲、坚持反帝反修。这一阶段党领导人民采取的是革命的道路，目标是让中国“站起来”，包括改变贫弱面貌，发展工业技术和国防科技，包括恢复联合国合法席位，与美国等西方国家建立外交关系，真正成为一个可以掌握自身命运、独立自主的国家。第二个阶段是 1976 年至党的十八大召开。这一阶段以邓小平同志为核心，中国共产党领导人民选择了发展经济的道路，目标是让人民生活“富起来”，通过改革开放和先富带动后富，实现共同富裕。第三阶段是党的十八大召开以来，以习近平同志为核心的党中央领导中国人民了选择生态文明的道路，目标是“好起来”，实现人民对美好生活、幸福生活的向往[1]。

第一阶段的继续革命和第二阶段的发展经济，使得中国人民实现了独立自强和全面脱贫致富奔小康。现在中国正处于党领导的第三个阶段，新时代需要担当起新的使命和新的发展建设理念。通过践行“绿水青山就是金山银山”发展理念，促进人与自然和谐共生，通过国内国际双循环，推进人类命运共同体建设，这是第三阶段的一个伟大目标，即以生态文明为引领，不仅中国要好起来，还要推动全球都好起来。当前人类面临着生物多样性丧失、全球气候变暖、公共卫生健康危机突发等三大危机，我国也处于百年未有之大变局，这要求我们必须改变传统的生活方式与生产方式，全面践行生态文明思想，推动生态文明建设。

二、生态文明建设理论体系愈发健全

习近平生态文明思想具有丰富的内涵，包括以“生命共同体”理论为基础的生态自然观、以“两山”理论为核心的生态价值观、以“像对待眼睛与生命一样”为理念的生态义利观、以“绿色发展、和谐共生”为目标的生态发展观和以“文明兴衰”理论为要义的生态社会观；具有超越性、针对性、引领性与综合性等特征；汇聚了马克思主义自然观及中国传统生态观的智慧；同时具有重大时代价值，对于在全社会重构人与自然的关系、在新时代指导生态文明建设的实践、在全世界推动“人类命运共同体”的构建必将产生深远影响[2]。

习近平生态文明思想提出了全球生态文明建设的新路径。与在西方发达国家进行的长达半个世纪的环境保护相比，生态文明最根本的不同，就在于不是就环境治理环境，而是基于中国系统思维、内生治理的智慧，通过改变现有的生产、生活和发展方式，实现源头治理，推动绿色经济转型[3]。

任何一种思想，从萌发到成熟，都不是一朝一夕之事，习近平生态文明思想的发展也经历了从地方到中央的长期过程。学术界对习近平生态文明思想的研究也不断深入，诸多学者或从时空角度，或从内容层面对其进行分析论述。郑振宇认为，从 1969 年到 2018 年，习近平生态文明思想经历了近 50 年的发展历程。按照习近平生态文明思想发展的历史性和阶段性特点，大体可以将其分为孕育阶段、发展阶段、升华阶段以及最终确立阶段四个阶段[4]。

孕育阶段（1969—1975 年）：习近平在陕北偏僻落后的延川县梁家河大队插队，体验到了当地生态环境的恶劣和对民生的制约，带领群众进行了发展生产、保护生态环境的活动。

发展阶段（1982—2007 年）：在这一阶段，习近平经历了丰富多彩的地方生态治理历程，分别在县、市、省级政府部门任职，逐渐积累了生态文明建设的实际经验，实践的累积和不断丰富，为理论的形成和发展奠定了基础。在这一时期，习近平提出了“生态兴则文明兴、生态衰则文明衰”的“生态文明论”和“绿水青山就是金山银山”为核心观点的“两山”重要思想，体现了习近平对生态文明建设的深邃思考，习近平生态文明思想内核在这一时期基本形成。

升华阶段（2007 年 10 月至 2018 年 4 月）：在这一阶段，生态文明在治国理政中的地位不断提高。党的十八大报告第一次将生态文明建设纳入中国特色社会主义政治、经济、文化、社会以及生态文明建设“五位一体”总体布局。在推动生态文明建设上，从地域性上升到全国性乃至世界性，明确提出了“努力建设美丽中国，实现中华民族的永续发展”，并进一步上升到全人类高度，倡议“携手共建生态良好的地球美好家园”，以及“坚持绿色低碳，建设一个清洁美丽的世界”等，实现了民族、国家和意识形态等范畴的超越。这一时期的生态文明思想也不断系统和完善，从 2013 年提出的“山水林田湖是一个生命共同体”到 2017 年强调“坚持山水林田湖草是一个生命共同体”，再到 2021 年完善为“坚持山水林田湖草沙冰一体化保护和系统治理”，还有 2016 年提出了“冰天雪地也是金山银山”，拓展了“绿水青山就是金山银山”理念的外延，也标志着习近平“两山论”更加完善和成熟。生态文明思想的理念不断完善，内涵也在不断丰富。

最终确立阶段（2018 年 5 月至今）：全国生态环境保护大会召开，这是我国生态文明建设历程中意义深远的一次重大会议，会议对理论的名称进行了规范，明确使用“习近平生态文明思想”来命名，成为得到全国性会议正式确认的又一重要思想。大会还实现了习近平生态文明思想的体系化，提出了生态文明建设的六项重要原则，即“坚持人与自然和谐共生、绿水青山就是金山银山、良好生态环境是最普惠的民生福祉、山水林田湖草是生命共同体、用最严格制度最严密法治保护生态环境、共谋全球生态文明建设”[5]；大会首次强调加快构建生态文明体系，包括生态文化体系、生态经济体系、目标责任体系、生态文明制度体系和生态安全体系[22]。六大原则的确立和五大体系的构建，说明了习近平生态文明思想已经体系化和成熟化。

当前正值工业文明与生态文明的交汇博弈期，挑战与机遇并存，工业文明不可持续的发展方式所带来的生物多样性危机、气候危机、公共卫生安全危机，也是生态文明需要面对并迫切解决的问题。从哲学角度深入学习习近平生态文明思想，对积极应对这些危机具有极为重要的指导意义，为人类的可持续发展提供了世界观和方法论。习近平生态文明思想在制度法规建设、标准体系健全完善、科学技术领域、生产生活领域、公民消费习惯、伦理与道德等社会发展各领域均提供了切实的指导，对于确保生态文明建设落到实处，贴近实际，服务于治国理政，服务于解决实际问题，服务于全球健康发展意义重大[6]。

三、生态文明建设深入推进

2012 年 11 月，党的十八大从新的历史起点出发，作出“大力推进生态文明建设”的战略决策，论述了生态文明建设的重大成就、重要地位、重要目标，全面深刻论述了生态文明建设的各方面内容，从而完整描绘了今后相当长一个时期我国生态文明建设的宏伟蓝图。

生态文明建设是中国特色社会主义事业的重要内容，关系人民福祉，关乎民族未来，事关“两个一百年”奋斗目标和中华民族伟大复兴中国梦的实现，是关系中华民族永续发展的根本大计。

党的十八大以来，党中央把生态文明建设作为统筹推进“五位一体”（经济建设、政治建设、文化建设、社会建设和生态文明建设）总体布局和协调推进“四个全面”（即全面建设社会主义现代化国家、全面深化改革、全面依法治国、全面从严治党）战略布局的重要内容，开展一系列根本性、开创性、长远性工作，提出一系列新理念新思想新战略。

2018 年 5 月 18—19 日，全国生态环境保护大会在北京召开。习近平总书记在会上指出，新时代推进生态文明建设，必须坚持好以下原则：一是坚持人与自然和谐共生，坚持节约优先、保护优先、自然恢复为主的方针，像保护眼睛一样保护生态环境，像对待生命一样对待生态环境，让自然生态美景永驻人间，还自然以宁静、和谐、美丽。二是绿水青山就是金山银山，贯彻创新、协调、绿色、开放、共享的发展理念，加快形成节约资源和保护环境的空间格局、产业结构、生产方式、生活方式，给自然生态留下休养生息的时间和空间。三是良好生态环境是最普惠的民生福祉，坚持生态惠民、生态利民、生态为民，重点解决损害群众健康的突出环境问题，不断满足人民日益增长的优美生态环境需要。四是山水林田湖草是生命共同体，要统筹兼顾、整体施策、多措并举，全方位、全地域、全过程开展生态文明建设。五是用最严格制度最严密法治保护生态环境，加快制度创新，强化制度执行，让制度成为刚性的约束和不可触碰的高压线。六是共谋全球生态文明建设，深度参与全球环境治理，形成世界环境保护和可持续发展的解决方案，引导应对气候变化国际合作。

推进中国特色生态文明建设，需要切实把握好若干重大问题。

（一）加快构建生态文明体系

构建生态文明体系须落实“八观”：生态兴则文明兴、生态衰则文明衰的深邃历史观；坚持人与自然和谐共生的科学自然观；绿水青山就是金山银山的绿色发展观；良好生态环境是最普惠的民生福祉的基本民生观；山水林田湖草是生命共同体的整体系统观；用最严格制度保护生态环境的严密法治观；全社会共同参与的全民行动观；共谋全球生态文明建设的共赢全球观。生态环境部部长黄润秋认为，“八观”回答了三个问题：为什么要建设生态文明、建设什么样的生态文明以及怎么样建设生态文明。

（二）全面推动绿色发展

绿色发展是构建高质量现代化经济体系的必然要求，是解决污染问题的根本之策。重点是调整经济结构和能源结构，优化国土空间开发布局，调整区域流域产业布局，培育壮大节能环保产业、清洁生产产业、清洁能源产业，推进资源全面节约和循环利用，实现生产系统和生活系统循环链接，倡导简约适度、绿色低碳的生活方式，反对奢侈浪费和不合理消费。

（三）解决突出生态环境问题

将解决突出生态环境问题作为民生领域优先的工作。坚决打赢蓝天保卫战是重中之重，以空气质量明显改善为刚性要求，强化联防联控，基本消除重污染天气，还老百姓蓝天白云、繁星闪烁。深入实施水污染防治行动计划，保障饮用水安全，基本消灭城市黑臭水体，还给老百姓清水绿岸、鱼翔浅底的景象。全面落实土壤污染防治行动计划，突出重点区域、行业和污染物，强化土壤污染管控和修复，有效防范风险，让老百姓吃得放心、住得安心。要持续开展农村人居环境整治行动，打造美丽乡村，为老百姓留住鸟语花香、田园风光。

（四）有效防范生态环境风险

生态环境安全是国家安全的重要组成部分，是经济社会持续健康发展的重要保障。把生态环境风险纳入常态化管理，系统构建全过程、多层级生态环境风险防范体系。加快推进生态文明体制改革，抓好已出台改革举措的落地，及时制定新的改革方案。

（五）提高环境治理水平

充分运用市场化手段，完善资源环境价格机制，采取多种方式支持政府和社会资本合作项目，加大重大项目科技攻关，对涉及经济社会发展的重大生态环境问题开展对策性研究。实施积极应对气候变化国家战略，推动和引导建立公平合理、合作共赢的全球气候治理体系，彰显我国负责任大国形象，推动构建人类命运共同体[7]。

四、做好生物多样性保护是生态文明建设的重中之重

2021 年 10 月，习近平在《生物多样性公约》第十五次缔约方大会领导人峰会上提出，生物多样性使地球充满生机，也是人类生存和发展的基础。保护生物多样性有助于维

护地球家园，促进人类可持续发展。

生物多样性是人类文明社会变革共存和转型的关键所在，是生态文明水平的重要标志之一。保护生物多样性，作为一项国家战略，以习近平生态文明思想为引领，对中国的经济和社会发展、对人类现代和未来福祉、对建设美丽中国具有至关重要的意义。

生物多样性是生物（动物、植物、微生物）与环境形成的生态复合体，以及与此相关的各种生态过程的总和，包括生态系统、物种和基因三个层次。生物多样性同时也是一个凝聚宏观、中观、微观于一体的概念。在它的三个层次中，既包括森林、海洋、湿地等生态系统的多样性，也涵盖了丰富多样的野生动物、植物等物种多样性，还聚焦了生物遗传资源的基因多样性。大自然已经造就了35亿种生物，但99%都已灭绝。自从进化出人类以来，特别是工业文明时代起，物种灭绝便远远超过大自然从容不迫的步伐。生物多样性和生态系统服务政府间科学政策平台（IPBES）2019年发布报告称，现在大约有100万种动植物物种遭受灭绝的威胁，其中许多物种会在几十年内灭绝，比人类历史上任何时候都要多。生物多样性的丧失所带来的影响反作用于人类，将会构成人类可持续发展的危机，亦会动摇生态文明建设的根本。工业文明的大发展，极大地满足了人类的需求，但这种需求的满足，是建立在对自然资源的过度消耗、无序利用以及不负责任排放的基础上的。资本主义及其引导的对利益的追求，一方面使得符合其利益需求的产品大受青睐，消费主义盛行，过度消费所带来的浪费行为大行其道；另一方面则导致地球资源消耗不断加剧，生态系统遭到严重破坏，这种破坏直接反映在生物多样性丧失的速度上。

生物多样性保护是我国国家战略的重要组成部分。我国制定了一系列与生物多样性有关的法律、法规和《中国生物多样性行动计划》，但不可否认的是，在生物多样性保护领域，我国也依然深受工业文明时代影响，实现向生态文明时代转型依然任重道远。一是我国生物多样性保护体制机制尚未建立健全，山水林田湖系统管理制度缺乏整体性、系统性，保护效率低下。二是法律和政策体系尚不够健全。以资源保护法为主，开发利用监督管理法薄弱，缺乏体现生态系统综合管理理念的生物多样性保护法律。有效的财政保障和生态补偿机制政策尚未建立。三是没有建立严格的评价考核和责任追究制度。在具体工作方面，也存在资源禀赋不明、状况变化不明、保护网络不健全、保护基础设施薄弱、保护监管能力不足等问题。

针对上述问题，要想实现中国生态文明时代的生物多样性保护，需要更加重视生态系统多样性保护，从而制定更具全局性与前瞻性的生物多样性保护策略，应从以下四个方面采取积极行动。

一是加强社区保护地的建设，填补中国现有保护区系统管理空白，改变由于人手不足、资金不足等问题导致保护效率不高的现状，同时助力解决诸如入侵、农业、基础设施项目、森林开发和采矿等外部威胁的困境。

二是以邻里生物多样性保护来协调保护与发展的关系。在人类活动密集区域，尽量通过减少对自然和野生动植物的干扰，来减少人与野生动植物的冲突，其核心关键词为“邻里”“保护”，强调创新保护机制和行动，最大限度保障民众生活和自然野生动植物繁衍栖息不受影响，避免引发人兽冲突。

三是推进“基于人本解决方案”（HbS）与“基于自然解决方案”（NbS）的有效结合。在充分尊重自然生态系统的基础上，通过改变人类自身行为，包括个体和群体的行为，从主观意识出发，选择对生态环境更加友好的方式，进而推动市场和资本作出更加尊重自然的改变，进而在全社会形成“全民参与、人人有责”的氛围[8]。

四是构建区域全面生物多样性评估体系（RCAB）评价体系，充分落实国务院办公厅发布的《生态文明建设目标评价考核办法》，探索并构建以自然生态系统为出发点，以现有相关指标为基础，以生物多样性指标为核心，综合评价区域生态环境状况的体系[9]。

参考文献：

[1] 周晋峰．从生态文明思想出发，迎七一建党百年[Z]．中国生物多样性保护与绿色基金会，2021－06－20.

[2] 魏华，卢黎歌．习近平生态文明思想的内涵、特征与时代价值[J]．西安交通大学学报（社会科学版），2019（05）．

[3] 张孝德．共谋全球生态文明建设[N]．光明日报，2021－12－29.

[4] 郑振宇．习近平生态文明思想发展历程及演进逻辑[J]．中南林业科技大学学报（社会科学版），2021，15（2）：1－7＋13.

[5] 习近平．推动我国生态文明建设迈上新台阶[J]．求是，2019（3）：4－19.

[6] 周晋峰．从哲学角度深刻理解生态文明思想并全方位践行[J]．新型城镇化，2021（04）．

[7] 赵超，董峻．习近平出席全国生态环境保护大会并发表重要讲话[EB/OL]．(2018－05－19)．新华社．

[8] 周晋峰．必须认真了解和正确面对后增长时代的挑战[J]．生物多样性保护与绿色发展，2022，1（3）．

[9] 封紫，周晋峰．构建新形势下的区域全面生物多样性评估体系（RCAB）[J]．生物多样性保护与绿色发展，2022，1（1）．

本章知识拓展与讨论思考

知识拓展：

1. 从复活节岛之谜看文明的变迁

2. 邻里生物多样性保护的重要性

讨论思考：

1. 我国古代有哪些生态自然观？
2. 如何理解习近平生态文明思想的理论基础？
3. 如何理解“绿水青山就是金山银山”？
4. 如何扎实推进中国特色生态文明建设？

第五章 生态文明时代的教育

第一节　生态文明教育的内涵

生态文明建设要靠人去执行，因此必须加强对公众的生态文明宣传和教育。党的十九大报告指出，要牢固树立社会主义生态文明观，推动形成人与自然和谐发展现代化建设新格局。为此，需要将资源保护、珍惜生态、爱护环境等添加到国民教育和培训系统中，纳入群众性精神文明创建活动内。由此可了解到，生态文明教育是宣传、培养生态文明观的主要阵地，承担培养高素质的社会主义接班人和树立生态文明理念的历史责任。

目前，中国生态文明建设正处于攻坚期、关键期、窗口期[1]。生态文明教育要有效发挥教育的先导性、基础性、全局性功效，按照创新改革的思路和精神推动教育目标、理念、方法、内容的改变，落实立德树人根本任务，完成教育大计。宣传生态文明不但需要将学校教育当作核心，还需要面对所有的群众，制定系统完善的教育方案，方可为中国生态文明建设提供全面的智力和人才保障。

一、新时代生态文明教育的概念

1. 生态文明教育

我国最开始产生生态文明教育源于20世纪的末期，由国内学者王良平提出。此后，生态文明教育概念的相关论述日渐丰富。了解和认识生态文明是理解生态文明教育的核心和基础。教育是改变人的思想、转变人的意识、提升人的基本素养，促进人类进步的一种必要手段，通过教育引导人们一言一行、一举一动。生态文明教育的主要作用是更改群众的行为和观念。

生态文明教育是以塑造群众生态文明习惯以及提升生态文明素质为目标的系统性的教育活动。生态文明教育的核心是实现人与自然的和谐发展和共生，教育活动需要对所有社会成员开展，最终的教育目标是全体社会成员形成正确的生态文明观念。生态文明教育是建立在受教育者认可人与自然和谐共生的基础中的改变受教育者的行为和思想观念的方式。

2. 新时代大学生生态文明教育

大学生思想政治教育工作和课程思政要坚持以习近平生态文明思想为引导，秉持与时俱进的发展观[2]。中国持色社会主义新时代代表中国全新的历史发展方位，是实现中华民族伟大复兴的基础和新台阶。

习近平总书记说：“当代青年是与新时代同向同行、共同前进的一代，生逢盛世，肩负重任。”大学生作为青年最有典型性和示范性的存在，代表了青年的综合面貌和风貌，承担着我国未来发展的职责。在新时代，大学生在建设生态文明中的作用显而易见。新时代开展大学生生态文明教育，就是在高校政治教育、思想教育中面对所有学生实施和开展的生态文明教育活动，通过生态文明教育可以尽早落实建设美丽中国的愿景。

二、新时代大学生生态文明教育的理论基础

1. 马克思主义关于人的全面发展理论

马克思主义理论制定的最高价值追求以及定向，是社会上的每一个人都能充分发挥自身价值，并确保每一个人得到全面自由的发展[3]。要想实现人的全面自由发展，就需要全面解决好社会发展以及个体发展两者的关系。

大学生开展生态文明教育和人个体的全面自由发展有一定的统一性。人类自始至终都是生态自然系统中的一分子，其生存和发展离不开自然，因此，要实现人全面发展就需要合理处置好人与自然的发展关系。生态文明的目标是落实人与自然的和谐发展以及和谐共生，由此，人需要树立精准的生态文明观念和理念。新时代开展大学生生态文明教育主要是为了培养建设生态文明的优秀高素质人才，可以合理满足人全面自由发展的基本需求。

社会的发展是人实现全面发展的基本标志。人是社会个体，无法脱离于社会而存在。确保群众根本利益就要建设生态文明，并最终指向人的发展。马克思认为，人的需要是人所从事一切活动的动力和目的，全面建设生态文明作为一项社会性工程，运用建设生态文明缓解人与自然之间的关系，最终形成人、自然、社会之间一种休戚与共的关系，谋求人类社会永续健康发展。建设生态文明需要动员所有个体一起参与，是一项社会性工程，通过依靠人的全面发展，经由生态文明教育实现推动人类社会永续健康发展。

2. 思想政治教育个体发展功能理论

思想政治教育的个体发展功能是指思政教育对推动人发展、塑造人品德发挥的作用。在全新的发展背景中，思政教育的个体发展功能直接影响大学生品德的产生。个体发展功能涵盖了两个层面：第一，人的社会性发展；第二，人的个性化发展。

思政教育可以塑造新时代的大学生个体发展。首先，塑造和培养健全的大学生品格。在新时代背景下，促进大学生形成正确的道德品格，培养其适应社会的能力，进而自觉参与社会实践，最终达到健全品格的目的。其次，逐步培养学生的主体观念和意识，让学生产生极强的责任感与使命感，提升个体主体观念，最终引导其成为符合新时代要求的独立个体。最后，推动大学生实现个体化发展。借助生态文明教育，激活受教育者多元化、立体性发展，摆脱传统的机械式教育的桎梏，进而培育大学生的个性化发展。教育者要使大学生潜移默化地接受生态思想，促进大学生个体化发展[4]。

思政教育在塑造新时代大学生个体社会化方面具有重要作用。一方面，培养学生的社会化观念和意识。运用教育，强化学生的环保能力和意识。在全新的发展背景中，强化生态文明教育和宣传，推动大学生更多地参与到建设生态文明中。另一方面，培养学生的社会化行为。老师在传授理论信息和知识时，也不能忽略实践的功效，需要在开展思政教育活动的基础上，实现实践和理论的有效融合。通过教育的生态性熏陶和培养，使理论知识与生态文明建设实践高度契合，推动大学生实现个体的社会化演变和发展。

参考文献：

[1] 陈伟．新时代地方政府生态文明建设的标准化实践创新——基于湖州市生态文明标准化的分析[J]．中国行政管理，2018（03）：55－59.

[2] 张洁．新媒体视域下高校开展心理健康教育工作路径研究[J]．发明与创新（职业教育），2021（06）：59－81.

[3] 刘同舫．构建人类命运共同体对历史唯物主义的原创性贡献[J]．中国社会科学，2018（07）：4－21＋204.

[4] 贾荣荣．当代大学生生态文明观的培育研究[D]．南京：南京林业大学，2015.

第二节　生态文明教育的建设

一、大学生生态文明教育的现状

1. 大学生认识生态文明重要性的现状

首先，对生态环境问题的认识。大学生因受到生态环境的影响，懂得生态环境问题对人类的危害程度极大。由此，很多大学生均可以认识到开展生态文明教育是特别重要的存在，也乐于接受教育，有一定的积极性。其次，对处理人与自然的关系的看法。在处理人与自然的关系中，大多数学生都认为应当对自然界及其他万物加以保护和关爱。其三，对节约资源的认识。绝大部分人无法做到合理循环利用自己的闲余物品，人们通常会直接扔掉自己不用的物品，很少人能做到废物利用，大学生更是如此。其四，对消费观的看法。虽然大学生对为了满足消费奢侈品的欲望或奢侈消费而破坏生态平衡持反对看法，但在日常生活中很多大学生仍有浪费资源、不注重节约环保的行为，目前还没有产生稳定的消费观[1]。

【延伸阅读】 生态平衡（ecological balance）是指在一定时间内生态系统中的生物和环境之间、生物各个种群之间，通过能量流动、物质循环和信息传递，使它们相互之间达到高度适应、协调和统一的状态。也就是说当生态系统处于平衡状态时，系统内各组成成分之间保持一定的比例关系，能量、物质的输入与输出在较长时间内趋于相等，结构和功能处于相对稳定状态，在受到外来干扰时，能通过自我调节恢复到初始的稳定状态。在生态系统内部，生产者、消费者、分解者和非生物环境之间，在一定时间内保持能量与物质输入、输出动态的相对稳定状态。

2. 大学生生态文明知识的掌握现状

大学生对生态文明相关概念略有掌握，也只知道些比较浅显的表面内容，但了解得并不透彻。对生态、生态失衡、生态危机等定义，很多学生只听说过这一定义或依托自身感想获得其含义，但并未专门去记忆和查证记录。大学生对于现如今存在的一些环境问题较为了解并给予了很大的关注程度，其中对雾霾、工业“三废”、水污染、温室效应、生活垃圾污染等经常可见的环境问题，多数大学生都了解并知道其对生态环境以及人们生活造成的影响。大学生在了解我国制定的生态文明政策层面，只局限于表层，对于政策的具体内容或核心要义没有深刻的理解；且大学生尚未主动积极地了解我国在建设生态文明方面制定的制度和政策。很多大学生并不了解有关的法律知识，缺乏完善的法律思维和法律知识，无法做到用法律手段维护生态环境利益。

【延伸阅读】 温室效应，又称“花房效应”，是大气效应的俗称。大气能使太阳短波辐射到达地面，但地表受热后向外放出的大量长波热辐射线却被大气吸收，这样就使地表与低层大气温度增高，因其作用类似于栽培农作物的温室，故名温室效应。自工业革命以来，人类向大气中排入的二氧化碳等吸热性强的温室气体逐年增加，大气的温室效应也随之增强，其引发的一系列问题已引起了世界各国的关注。

3. 大学生基本生态行为的现状

在垃圾处理方面，虽然大学生拥有较高的文化素质，但很多学生不想进行垃圾分类，还有很多学生不了解分类垃圾的标准和收集容器的色彩和标识。由此可以看出，我国大学生对这种最基本的环保方式都没有完全掌握，那么便可以推断出我国绝大部分人民对生活垃圾的处理上都存在一定的问题，尚未培养出规范的环保习惯以及行为。而且很多大学生还存在一种利己的生态关注现象，也就是只关注对自身利益产生损害的环境问题，且试图不断维权，但对事不关己的破坏环境事件并不在意，更多的是采取消极的态度应对。这种区别对待的情况造成大学生目前尚未建立完善的生态文明观念和意识，没有理解好保护环境是每个人分内义务的真正含义，也尚未真正为生态文明的建设而不断努力。对大学生来说，生态文明实践活动是学生一种基本的生态行为[2]。但很多学生对参与该生态实践活动没有很高的意愿，有的尽管参与了，也缺乏明确的学习目的。综合而言，大学生的生态行为和生态文明认知缺乏一致性，即头脑中的道理是一回事，日常生活行为又是另外一回事，再加上大学生实施垃圾分类这种基本的生态行为能力都存在着严重的不足，从中也可见我国对大学生开展生态文明教育缺乏较高的成效。

二、大学生生态文明教育存在的问题

1. 高校思政课中生态文明的内容亟待补充

高校思政课作为推动和引导学生思想健康发展的主要课程，是提升和培养学生生态文明理念的主要模式。但结合当下的现实情况而言，高校思政课程的教学内容需要不断改善，主要表现为：在此前的课程中，教材尚未单独论述马克思主义的生态文明观念；在其他理论课程中，也只有有限的内容与生态文明有关，仅涵盖了正确认知人和社会、人和自然的和谐共生的关系，中国建设社会主义生态文明的目标内容等很少的内容，且这几部分内容之间缺乏连贯性，影响大学生生态文明教育的集中程度[3]。

基于生态文明教育的系统全面性，零散、不全面的教育内容必然会影响教学质量，阻碍学生生态文明理念的提升和培养，由此需要老师进行整合和梳理，对各部分内容之间的联系进行疏通，形成系统的内容框架。在此前的课程中，需要逐步完善马克思生态文明理论，加强各部分内容之间的连贯性，同时还应新增我国生态文明建设的发展历史，增强学生对建设生态文明的认同感，增强道德修养、生态文明法治观念等。并且，生产生活和生态文明有诸多的关联，所以大学生生态文明教育应当与时事政策、科学技术等方面进行有机结合，而并非只局限于知识教育。

2. 高校大学生生态文明教育模式较为单一

当下，对大学生开展生态文明教育一般是以思政教育的模式实施，高校开展和生态环境有关的公选课的次数很少。思想政治教育课又并非单纯教授生态环境相关专业的课程，大学生获得生态文明教育的方式普遍比较单一。生态文明教育在高校的传授范围狭窄，传播力度也很小。首先，理论课程的理论内容较为复杂难懂，大学生在没有牢固的理论基础的情况下，很难有效接受理解这些理论内容，再加上教学方式通常为课堂授课，简单的理论灌输的教学模式不能实现授课的成效。其次，在思政教育实践课程中普遍没有将生态文明当核心的实践教学，类似的实践课程仅会出现在生态学专业的课堂或实习课中。尽管高校会开展诸多的生态环境保护实践活动，但这种实践活动时间短、间隔长、力度不大，没有形成校园内规律性的实践活动，不具备规模性和延续性，所以对大学生产生的影响也只是一时的，尚未表现出生态环境教育的重要性。再次，在高校的课程系统中生态文明教育难以表现出联动合作的方式，即课程与课程之间过于独立，其他专业课的内容与思政课联系较少，也尚未实现和生态文明教育的融合。

3. 大学生生态文明教育的师资队伍尚待优化

教师应当做到言传身教，用语言向学生传授知识与道理，无论什么时间与地点，用自身行为引导，为学生树立学习的榜样。目前，大学生生态文明教育的教师队伍并不能同时做到“言传”和“身教”。

首先，老师相对缺乏生态文明知识。高校的思政教育老师一般为高校学生生态文明教育的老师团队。很多老师并没有了解和生态环境相关的知识，造成老师无法合理地开展生态文明教育，并且学生不能获得更多的知识和信息。加之教师们无论在教学方面还是科研方面都更愿意将精力投入到本专业之中，往往会将教师自己不熟悉的生态文明内容作为课程的附加内容，不作为重点讲解。这就造成学生缺乏牢固的生态文明知识，也不能够获取到生态文明教育内容在各类专业中的存在价值与意义。并且学生注重生态文明教育的程度远远低于注重专业课的程度，进而大学生没有较强的生态责任意识和生态素养[4]。

其次，教师团队的生态文明意识需要逐步强化。教师的生态意识无法提高，生态行为就没有一个正确的绿色理念作指导，言行不一造成无法为人师表。老师的所有言行均会影响学生的行为。虽然高校教师队伍的整体综合素质普遍较高，但是也并不完全具备生态文明的素养，在生活中的生态行为也有不规范的时候。高校教师队伍对生态文明的认知并不专业也不深刻，只停留在粗浅的认知层面。缺乏生态文明认知，也尚未深刻理解和认识生态文明的本质和理念，老师并非会注重生态文明教育和建设。

4. 大学生对生态文明自我教育缺乏自觉性

首先，大学生是开展生态文明自我教育的核心，也是具有能动性和主观性的个体。从中国的小学、初中、高中的课程传统教学方式而言，大学生早已习惯并严重依赖课堂教学，还不具备大学阶段所需的充分的自主学习能力。所以即便接受了课堂的生态文明教学，一旦遇到学习中的困难，学生由于不具备自主学习的能力，从而产生学习的惰性，也就无法主动积极地解决问题，那么大学生对生态文明的学习兴趣最终又将大打折扣。其次，许多大学生的生态思维还处于自利的状态，往往更关注与自身利益有关的生态事件，而无视与自己无关的生态事件，更不会关心生态文明建设。虽然大学生可通过互联网、新媒体了解更多的生态文明新闻和教育内容，但多数大学生认为这些内容由于与自己无关而没必要了解，更多地去关注一些娱乐方面或者自己喜欢领域的内容。此外，大多数学生都只关心和学习本专业课程的相关知识。由此可见，大学生的生态责任意识非常贫乏，对自身在环境保护中的作用缺乏认识，造成生态文明意识对外作用时，无法产生自觉的生态行为。因此，许多大学生对周围发生的损害生态环境的事件无动于衷也就不足为奇。

三、大学生生态文明教育的重要性

1. 大学生生态文明教育是时代发展的必然要求

伴随此前工业化、城市化发展，追求经济利益已经高于维护生态利益的态势，直接破坏了中国的生态环境。大自然的生态修复能力难以修复人对自然产生的损害，生态环境恶化对人敲醒警钟，世界各国均采取了相应的措施来应对生态危机的影响并且阻止生态环境的不断恶化，这代表生态文明时期已经逐渐来临。面对生态危机，我国已经意识到需要加快弥补经济发展造成生态失衡的漏洞。党的十八大将建设生态文明列入“五位一体”总体布局中，论述了“美丽中国”建设的目标。国家、社会和人民需要转变不合理的管理方式和生产生活方式并加以规范，在转变与探索的过程中找到一种人与自然平衡发展的处理尺度，并且维持该均衡的处置尺度，这个时长也是预留给大自然进行修复、恢复健康状态的时间，目的就是为了最终还自然一个健康美丽的状态，也还我国人民一个优美的生存环境。党的十九大确定将“坚持人与自然和谐共生”作为新时代坚持和发展中国特色社会主义的基本方略之一。如今面对我国社会的生态矛盾，根本上要解决群众需要的健康优美的生存环境、生态环境问题，这是建设社会主义生态的基本目的。在新时代建设社会主义生态文明要由有学识、有能力、有活力的大学生群体引领。所以我国注重对大学生进行生态文明教育是生态文明建设发展的首要任务[5]。

【延伸阅读】美丽中国是中国共产党第十八次全国代表大会提出的概念，强调把生态文明建设放在突出地位，融入经济建设、政治建设、文化建设、社会建设各方面和全过程。

2012 年 11 月 8 日，美丽中国首次作为执政理念出现在党的十八大报告中。2015 年 10 月召开的十八届五中全会上，美丽中国被纳入“十三五”规划，首次被纳入五年规划。

2017 年 10 月 18 日，习近平同志在党的十九大报告中指出，加快生态文明体制改革，建设美丽中国。

2. 大学生生态文明教育是构建和谐社会的前提条件

大学生作为新时代的青年群众，其生态价值观直接决定了中国社会之后的生态走向。

对大学生开展生态文明教育需要秉持可持续发展的基本理念，以最根本的方式解决当今我国面临的生态矛盾。通过改变国家年轻一代人的思想观念，从根本上注入绿色生态理念，进而由内而外地焕发能量，指导人们的实践活动，影响千千万万的人乃至子子孙孙薪火相传，是最有效的变革方式。生态文明就代表人与自然的和谐状态，强化大学生的生态文明建设和教育，要求大学生在各个方面都要时刻把握好人类社会与自然和谐的发展规律，最终落实建设绿色、和谐、美丽的国度。这不但便于实现个体的全面发展和身心健康，还直接关乎群众的未来发展。当下像农药污染造成的食品安全问题、土地贫瘠问题、气候异常变化，以及人类实践活动导致的一系列自然灾害等诸多环境问题，严重危及人类生命健康安全。若长此以往，大自然失去修复能力，人类繁衍将会受到较大的威胁。从大学生生态文明教育角度而言，要构建人与自然和谐共生的社会，就要从大学生教育宣传方面加大投入力度，借助大学生的生态文明教育激发教育的传播能量。

3. 大学生生态文明教育是提升大学生生态素养的必要措施

随着生态文明时期的来临，生态素养渐渐演变为衡量青年群体素养的基础和标准。大学生承担社会和国家未来发展的基本职能和责任，生态文明素质不能只停留在表层，要分别在德、智、体、美、劳等方面中充分体现出其生态素养。当下由于大学生生态文明教育发展的不平衡、不成熟，造成学生无法实现合格的生态素养。运用学生的生态文明教学，学生可正确认识生态环境，明确人的发展生存和生态环境有紧密的关系，并且可以理解人的破坏行为对环境产生的损害等，这样才能拥有较强的生态行为能力，以正确的价值取向指导大学生生态行为。需要强调的是，在人类文明发展的过程中人与自然的关系逐渐失去原有的平衡，导致了人过于主导、自然过于被忽视的失衡状态，所以人类不得不重新审视其价值观。大学生生态文明教育是推动树立正确生态价值观的基本路径，将正确的价值观当作大学生其后的行事规则，将学生培养为优秀的生态文明示范榜样以及文明践行者，实现优良生态文明的推动和发展。

参考文献：

[1] 赵艳，谷悦，孟海亮．北京市大学生绿色消费行为特征研究[J]．中国环境管理，2016，8（04）：92－95.

[2] 王丹丹，张晓琴．大学生生态文明意识的调查分析——基于南京市部分高校调研数据[J]．南京林业大学学报（人文社会科学版），2018，18（03）：100－110.

[3] 唐烨余．新时代大学生生态文明观协同教育研究[D]．南宁：广西大学，2019.

[4] 龚克．担起生态文明教育的历史责任　培养建设美丽中国的一代新人[J]．中国高教研究，2018（08）：1－5.

[5] 刘妍君．浅论高校生态文明教育课程体系建设[J]．教育观察（上半月），2015，4（09）：76－77.

第三节　生态文明教育的探索

大学生是建设生态文明的贡献者、参与者、引领者，运用有效的方式和渠道可提高学生的生态文明行为以及生态文明意识，帮助学生树立科学有效的生态文明理念，对建设社会主义生态文明和美丽中国均有显著意义。

一、大学生生态文明教育的社会途径

1. 强化社会整体生态文明意识

建设生态文明利在千秋，建设生态文明必须动员全社会一起努力。由此可见，强化社会综合生态文明观念是大学生生态文明教育特别重要的基本内容。

强化社会综合生态文明理念需要全面贯彻习近平生态文明思想，并且还要全面提升社会成员在社会主义生态文明建设环节中的责任感以及认同感，树立广泛的绿色消费的理念。要让全社会都明白人与自然是命运相连的一个整体，只有人类和自然和谐共生，方可在推动经济发展环节实现环保。

强化宣传社会主义核心价值观，构建优良的社会氛围。在新时代，群众的物质水平和生活水平获得显著提升，但生活环境和此前有较大的区别。蓝天、白云、清水均不见了，所以需要去强化社会生态文明意识，唯有提升意识方可影响行为，实现护蓝增绿，方可推动社会实现可持续发展，方可让生态文明建设的主旋律根植在社会中。强化整个社会的生态文明意识是一项长期的工程，需要不懈的努力才能成功。倘若可以强化整个社会的生态文明理念和观念，对我国可产生很大的影响，对大学生的影响也是立竿见影的，因为大学生身处于整个社会之中，是其中的一员，由此要不断引导社会合理、科学发展，帮助社会提升综合生态文明理念和观念。

2. 加强法治德治，共建美丽家园

法安天下，德润人心。加强法治和德治，是建设天蓝水清的美丽家园的有力保障。建设社会主义生态文明，不但需要将生态文明教育当作精神引领，还需要运用建设生态文明法治和建设生态文明道德对建设生态文明保驾护航。

2018 年生态文明被写入了我国《宪法》之中；2020 年 4 月山西正式颁发《山西省城市生活垃圾分类管理规定》；2020 年 5 月全国人大正式通过的《民法典》第 7 章内论述了

生态破坏和环境污染责任。生态文明建设需要用法律的利剑与破坏大自然污染环境的行为做斗争，同时这还可以增强整个社会维护生态平衡的自觉性和保护生态环境的责任感，提高全社会的法治观念和意识。因此，要强化法治，要运用法律建设生态文明，让社会为生态文明建设作出贡献，不断改良对学生开展生态文明教育的大环境。道德行为践行真理，是社会发展的有效助力。因此，开展生态文明教育和生态文明建设需要关注道德，改善社会的生态环境就需要社会公民以身载道。道德作为一种精神上的准则，是一种重要的精神力量，在社会发展中发挥着重要的作用。道德在生态文明建设的过程中就像一只无形的手，在难以查看得到的区域凸显价值。通过道德的约束可以改变整个社会的意识形态，继而激发整个社会对生态文明的重视，提高整体的生态文明意识，让社会以保护环境、节约资源为荣耀，以污染环境、浪费资源为耻辱，以亲近自然、爱护生命为荣耀，以破坏自然、践踏生命为耻辱。由此看来，德治和法治在改良学生的生态文明教育方面具有不可替代的积极作用。

【延伸阅读】民法典是指在采用成文法的国家中，用以规范平等主体之间私法关系的法典。民法典以条文的方式，以抽象的规则来规范各式法律行为、身份行为。有的民法典会酌采习惯法作为补充规范的方式，此外也多半规定以当事人间私法自治的方式弥补各种法规的不足。

2020 年 5 月 28 日，十三届全国人大三次会议表决通过了《中华人民共和国民法典》。这部法律自 2021 年 1 月 1 日起施行。

3. 运用新兴媒介做好宣传工作

步入 21 世纪之后，群众的日常生活和网络已经有更紧密的联系，群众运用网络可获得诸多的信息。大学生作为新时代社会主义建设的领航人，接触网络的时间更早，对网络有更深刻的认识。所以，可以利用“互联网 +”新兴媒介，宣传和普及生态文明思想和知识，进而实现对学生开展生态文明教育的基本目的[1]。

【延伸阅读】“互联网 +”是指在创新 2.0（信息时代、知识社会的创新形态）推动下由互联网发展的新业态，也是在知识社会创新 2.0 推动下由互联网形态演进、催生的经济社会发展新形态。简单地说，“互联网 +”就是“互联网 + 传统行业”，随着科学技术的发展，利用信息和互联网平台，使得互联网与传统行业进行融合，利用互联网具备的优势特点，创造新的发展机会。“互联网 +”通过其自身的优势，对传统行业进行优化升级转型，使得传统行业能够适应当下的新发展，从而最终推动社会不断地向前发展。

【延伸阅读】 新媒体是依托新的技术支撑体系出现的媒体形态。新媒体是利用数字技术，通过计算机网络、无线通信网、卫星等渠道，以及电脑、手机、数字电视机等终端，向用户提供信息和服务的传播形态。从空间上来看，新媒体特指当下与传统媒体相对应的，以数字压缩和无线网络技术为支撑，利用其大容量、实时性和交互性，可以跨越地理界线最终得以实现全球化的媒体[1]。

在生活中，微信已经演变为群众交流必备的软件和工具，因此，可运用微信平台开展生态文明教育，积极宣传人与自然和谐共生的理念。微信公众号可以定期推送国家领导人关于生态的有关论述和马克思恩格斯论述人与自然的文章，定时推荐反思人与自然关系的文件和视频，通过文字和视频这种潜移默化的方式将生态文明思想灌输到大学生的脑海中去，使大学生在日常生活学习中的行为更加环保、更加科学。

伴随网络和社会的发展、进步，抖音短视频和快手短视频逐渐进入人们的视野，这种短而小却内容充实的视频逐渐被人们喜爱。所以，可以运用短视频的形式去教育大学生保护环境。例如，可以通过拍摄一些小动物生活的视频，让大学生亲近小动物，进而激发大学生动物保护的欲望和责任感；通过拍摄有关生态保护的科教短视频，让大学生在观看短视频的同时接受知识，了解现实，从而对生态保护有一个科学的认知；通过拍摄大学生爱护植物、保护动物的抖音、微信、B 站小视频，可以让大学生感同身受，进而促使大学生学会一种具体的现实的保护生态的行为。总之，通过互联网短视频方式可以使大学生生态文明教育更加生活化和具体化，进而获得更好的成效。

二、大学生生态文明教育的高校途径

1. 充分发掘高校思政课与生态文明教育结合的教学模式

高校思想政治理论课是对学生开展思政教育的主要渠道和阵地，是获得新时代中国特色社会主义胜利的保障。党的十九大报告论述了“五位一体”就要建设社会主义生态文明和建立美丽中国新画卷，为新时代的思政理论课明确了方向。新时代的思政课需要紧随时代发展，有效发挥自我优势，在教学环节中帮助学生树立正确的生态价值观和生态意识，积极引导学生的行为向生态化发展，进而推动建设美丽中国和建设生态文明。

“马克思主义基本原理概论”是开展思政教育的主要课程之一，是学生开展生态文明教育的基本途径和主要模式。课程中包含丰富的教育资源，是新时代学生获得生态文明理念和思想的主要阵地。在课程教学中教育者需要呈现出被掩盖的马克思生态哲学理念，深挖马克思恩格斯关于社会和自然、人和自然关系的看法，呈现人和自然辩证发展的关系，为生态文明教育构建更全面、系统的理论支撑。

马克思恩格斯关于人与社会、人与自然的解读，对开展生态文明教育有极强的指导和理论作用，运用概论课教学在马克思主义的实践论、唯物论、唯物史观、认识论层面解读，将马克思恩格斯的生态智慧、生态文明思想逐渐融合到教学环节中，进而实现强化生态文明教育的基本目标，推动人与自然和谐共生的理念内化于心、外化于行，从而达到培育大学生生态文明意识，帮助其养成良好的生态文明行为，塑造健全的生态人格的基本目的[2]。

2. 推动习近平生态文明思想进课堂

习近平生态文明思想有丰富的内涵、深厚的理论，是目前高校开展生态文明教育的重要精神引导以及思想基础。高校是重要的教学场所，承担着不可替代的教育使命，高校要逐步推动习近平生态文明思想进课堂。

习近平生态文明思想是一个完整的科学思想理论体系，分析和解读了为何要创建生态文明，以及怎样合理科学创建生态文明。首先，高校应该系统梳理和分析解读习近平生态文明思想的基本内涵和核心要义，在知识教学和教育层面构建系统完善的教育系统，进而让习近平生态文明思想在高校深入发展，得到普及。其次，需要让习近平生态文明思想有机地融入高校其他学科和教学当中去，逐步融入德智体美劳全面发展的教育环节中，融入学生的内心。强化德育就需要强调生态文明的道德教育，全面提升学生的品德修养，引导教育学生培养优良的生态文明行动，积极培养学生形成绿色健康的生活模式，成为具有社会主义核心价值观的合格的新时代高素质人才；加强智育，要注重生态文明知识教育，通过知识的积累来增长学识、提高智慧，让大学生沿着求真务实、追求真理的道路不断前行；加强劳育，注重生态文明实践教育，通过弘扬社会主义劳动精神，积极引导学生尊重劳动、热爱劳动，让新时代的学生树立劳动最可敬、最光荣的观念，且在其后的学习和生活中有效发挥自身的能动性和主观性，进而让习近平生态文明思想全面贯穿到教学理念中，渗透进校园。

3. 积极加强校园生态文化建设

一般来说，大学生要在高校中生活和学习四年时间，因此校园环境对大学生可产生深远影响。校园文化充斥整个校园，是学校在长期教学环节中产生的一种精神文化和物质文化的综合。建设校园生态文化是开展大学生生态文明教育的主要方式和途径，生态文化是秉持社会、人与自然和谐发展、共生发展的文化理念，并且是社会主义先进文化必备的基本内容。将高校生态文化和学生生态文明教育有效融合，积极创造绿色校园，发挥环境育人功能，促使大学生产生绿色情怀，进而影响其思想与行为，潜移默化地让学生在充满大量生态文化熏陶的校园环境中加深对生态文明的理解。建设校园生态文化就需要实现人文环境和自然环境的绿色化发展，以及实现设备设施的节能化发展，校园的人文环境和自然环境需要设置为绿色、温馨的格调，山水、草木均代表学校的文化底蕴和自然底蕴，因此在设置校园环境中需要铺设绿地和鲜花。优美绿色的环境有利于改善校园的整体氛围，使校容校貌得到改变，同时还有利于高校师生舒缓心情、净化心灵，从而达到一种和谐健康的状态。校园所有角落均可以张贴简单标语宣传和生态文明有关的内容，在图书馆可布置名言警句，例如，坚持人与自然和谐共生、“生态衰则文明衰、生态兴则文明兴”的标语；宿舍可设置“随手关灯”“垃圾入桶”“节约用电”“节约用水”等宣传标语；在餐厅可以设置“谁知盘中餐，粒粒皆辛苦”等类型的标语。在建设校园生态文化环境时需要注重设施设备的节能化发展，试图使用最低能耗做最多的事情，高校所有教室均需要搭载教学使用的多媒体设施，高校在选购多媒体设备的时候应该注重节能性；宿舍和办公楼的耗能设备也要注重其合理性和实效性，为节能减排做贡献。通过高校设施设备切实节能的这种方式，去影响大学生的行为习惯，以达到育人目的。

与此同时，还可以举办以生态文明为核心的书画展、征文比赛、摄影展等；通过重大的环保节日来宣传环境保护、自然平衡的重要性。这样不仅丰富了校园生态文化活动，还能逐步深化学生对自然的感情，通过文化渗透的方式实现对人的教育。

三、大学生生态文明教育的家庭途径

1. 家庭是生态文明知识普及的第一途径

家庭是所有个体生活成长的第一环境，对人产生很大影响。父母的综合素质对孩子产生深远影响，父母双方在保护环境与生态文明的认知很大程度上对孩子生态文明意识形成具有决定性作用。目前，家长对生态文明相关知识的认知相对薄弱，对生态文明的理解不够深入具体，所以要发挥家庭教育的基础性作用，就必须提高家长对生态文明的感性认识以及理性认识。家长需要全面学习和生态文明有关的信息和知识，唯有拥有充足的知识能力，有大量的知识储备，方可实现对学生的合理教育和科学教育。家长可以通过书籍、报纸、广播、电视等了解生态文明知识，扩宽生态文明视野。比如，家长可学习《习近平关于社会主义生态文明建设论述摘编》《习近平新时代中国特色社会主义思想三十讲》等，阅读《光明日报》《人民日报》等报纸，收听收看广播电视，及时了解党和国家的方针政策，并向孩子传播正确的生态文明理念。运用以上方式逐渐强化生态文明理念和生态文明素养，从而提高整个家庭对于节约资源和环境保护的重视程度，进而改善家庭教育理念，对学生产生正确科学的生态文明理念和意识，对塑造优良的生态文明行为有积极作用[3]。

2. 父母言传身教是传授生态文明知识的第一要则

父母是孩子的第一任老师，父母的教育是特别重要的影响因素。父母的启蒙作用无可替代，父母良好的生态文明素养、生态文明意识和绿色健康的生态文明行为都是孩子学习的标杆。在日常生活中，父母需要关注自身的言行，保持一个健康绿色的心态，给孩子树立一个优秀的学习榜样。

首先，父母应该以绿色健康的态度对待生活，在生活中注重环境保护，提升节约资源的观念和意识。在日常生活中，让孩子看到父母的做法，这样才可以让孩子在之后的学习、生活中做得更全面、更好。比如，父母每次看完电视或者用完日光灯之后都及时关掉，孩子将来在家或者在大学宿舍里也能做到随手关灯和关笔记本电脑；父母在家庭生活中没有铺张浪费，认真对待每一粒粮食，孩子在生活中也会勤俭节约，爱惜粮食。

其次，父母要多跟孩子进行情感交流，做孩子的好伙伴、好知音，多对他们进行鼓励，鼓励他们爱护小动物，鼓励他们节约用水用电，由此推动其树立科学的生态文明理念。父母对孩子的陪伴对孩子的思想观念以及行为均有较大影响，在增进感情的同时达到生态文明教育的目的，让孩子得以良性、健康、绿色地成长。运用在家庭生活中父母的循循善诱和以身作则，进而实现对学生开展文明生态教育的主要目的。

3. 打造生态绿色家庭是践行生态文明建设的第一目标

营造绿色温馨的家庭环境对学生的健康发展、健康成长有较大的推动功效，每个家庭可通过创建绿色生态家庭逐步推动生态文明教育活动的开展。家庭是所有人的首个学校，强调家庭建设，塑造节约化、生态化的家庭环境对学生培养科学健康绿色的生态文明行为具有重要的意义。

第一，家庭成员需要全面积极落实生态文明行动，在拥有习近平生态文明思想的同时，也需要增强自身的节约意识以及环保意识，反对铺张浪费。

第二，要加强绿色消费观念，优先选择低碳环保的产品，拒绝豪华奢侈的物品，少购买以及使用一次性纸杯，降低使用塑料袋的数量。

第三，家庭成员还需要拥有公德心，自觉按照相关环境保护法律开展活动，自觉热爱大自然，打造生态绿色家庭。

第四，家庭成员需要培养形成优良的生态文明理念和观念，自觉保护和爱护环境，和破坏生态环境的行为进行积极斗争。

第五，家庭成员要和睦相处，热爱大自然，热爱邻里邻居，积极参加公益环保事业，通过自己的一言一行对建设社会主义生态文明作出贡献。

家庭环境对一个人的发展具有推动作用，通过打造生态绿色家庭，形成良好的生态文明教育环境，让大学生在健康绿色的环境中成长成才，最后将自身塑造为生态文明合格的接班人。

四、大学生生态文明教育的自我学习途径

1. 学习理论知识，树立科学生态观

大学生作为新时代建设社会主义的核心力量和主要力量，是落实民族复兴的中坚力量。因此，对大学生开展生态文明教育就需要有效发挥学生的主观能动性，提升其学习理论知识、文化知识、科学知识的主动性和能动性，树立正确的生态文明观，积极学习马克思主义理论。

学生需要端正学习态度，注重学习生态文明知识和内容，实现积极学习、主动学习，并积极查缺补漏。通过学习生态文明知识可以让大学生清晰明了地知道我国的生态环境现状，认识到自然规律，从而有效规避错误的不恰当的行为。大学生需要在构建马克思主义生态文明理念中投放更多的时间和精力，全面学习马克思恩格斯有关人与自然的看法和知识，并学习习近平生态文明思想，例如学习恩格斯的著作《劳动在从猿到人的转变中的作用》，了解更深层次更深内涵的哲学道理，进而实现科学树立生态文明观的主要目的。与此同时，在日常生活中学生需要更改自身理念，亲近自然，融入大自然之中[4]。

在新时代学生强化学习理论知识，就需要学习我国的优秀传统文化知识，学习习近平新时代中国特色社会主义思想和马克思主义基本原理，学习我国古代人的生态理念和智慧，并运用历史唯物主义和辩证唯物主义展开分析，学习习近平总书记的全局思维和大局意识。只有这样，才能树立良好的生态文明观念。

2. 积极投身社会主义生态文明实践

对学生开展生态文明教育并非只单纯注重知识和理论的教育和学习，还要注重对实践行为的加强。马克思主义认为，自然和人的关系是建立在实践基础中的，人类需要在实践中切入，客观认识自然、了解自然。生态文明并非只是一种理念，更主要的是一种实践，唯有在掌握规律性认识，并使用于实践活动中，且在实践环节中逐渐提升对问题解决的能力，方可合理处置产生的生态问题。

因此，大学生需要广泛投身到建设生态文明的活动和实践中，只有通过实践的锤炼才能让大学生成为美丽中国的建设者。大学生可积极参加保护生态环境的公益活动以及有关组织机构，通过自身的实际行动为保护自然、保护环境贡献自身力量。大学生需要明确人对自然的认知是在感性认知逐渐演变为理性认知的环节，也是在理性认知演变为实践活动的环节。例如，每年的 3 月 12 日是植树节，作为新时代的大学生就需要在植树节积极参与植树造林活动，通过种植树木，爱护环境，保护环境。同时，在日常的学习和生活中需要保护和珍惜水资源，坚决和浪费资源的行为进行斗争，合理规范自身行为，在周边群体中发挥好带头功效，以榜样的力量保护水资源，实现环境保护。此外，大学生需要有效发

扬我国的传统美德，本着节约每粒粮食的理念，在日常生活中杜绝浪费，在宿舍中养成随手关灯、关电脑的习惯，为社会生态文明添砖加瓦，为美丽中国的建设贡献自身力量，为实现人与自然和谐共生不断努力。大学生还可以参加以生态文明为核心的“三下乡”活动，让自己深入田间地头，领略乡村之美，感悟人生真谛。运用实地考察的模式逐步增进大学生对大自然的了解和亲近感，提高大学生保护和爱护自然的责任心，进而促使大学生更有信心、更有决心去建设美丽的中国。

3. 坚持慎学笃行，做到知行合一

对大学生开展生态文明教育主要是为了培养他们的生态文明理念和观念，树立生态文明观，培养优良的生态文明行为，进而在日常学习生活中实现言行一致。

强化塑造大学生的生态文明素养，需要大学生严格要求自身，谨慎行事，精准把握自身行为，确保时刻清醒，坚决杜绝破坏生态文明的行为。大学生首先要做到的就是修身，改变自己对大自然的看法，改变自己错误的观念，做到内外兼修，做到热爱大自然，做到对生命的崇敬。其次要通过大学生自身的不断反思、自我批评，实现强化生态文明知识，提高生态文明素养和自身文明意识的功效，依托该自我学习和自我教育的模式，逐渐突破个体极限，实现自我控制以及自我管理，这也是对人与自然和谐共生的一种个体感悟。

大学生在接受生态文明教育的时候要时刻保持一颗慎独自律的心，做到躬身笃行，言行一致。大学生要更好地激励自己、鞭策自己，保持本心和胸襟坦荡，做到知行合一，唯有如此方能培养形成优良的生态文明行为，塑造自身的生态文明素养，直接助力于创建环境友好型、资源节约型社会，为生态文明的发展贡献自身力量。

五、大学生生态文明教育的师资途径

教师是生态文明宣传教育的责任者，各级院校、不同学科、不同专业的老师、辅导员、班主任等都负有开展生态文明宣传教育的职责。但老师并非是唯一的责任者，全社会很多部门和人士都对生态文明的宣传教育负有责任，可在不同层面发挥显著功效。生态文明教育的责任者还应包括对社会教育有很大影响的媒体及文化、宣传部门的工作者。

广大教师要自觉将生态文明教育贯穿于学校教育的全过程，并逐步渗透到科研、教学、社会服务的诸多层面，尤其是深挖不同学科拥有的大量和生态文明相关的资源，全面开展以生态文明宣传教育为核心的跨学科教学、课外活动、校外活动，在传授知识环节中需要强化宣传教育生态文明。

各级各类辅导员、班主任和工作人员要根据生态文明宣传教育的规律，以及大学生的认知规律，在管理和服务中有意识、有针对性地对学生进行教育引导，使学生能够自觉将生态文明的理念运用到日常的学习和生活中，进而持续提升宣传教育生态文明的实效性及针对性。

各级各类的学校、教育主管部门需要高度关注辅导员、老师、班主任在开展宣传教育生态文明中发挥显著功效，在教师入职培训等环节进行相关生态文明宣传教育业务指导，让其可以了解、掌握和生态文明相关的教育方式、理念和手段。

生态文明教育是一个新的文明开端、新的文化时尚、新的教育理念，迫切需要宣传、影视、文艺、科普、培训等各个部门的工作者参与其中，无论是生态文明的宣传报道、电影电视、视频动画，还是专业培训、职业技能训练，或是科普作品、小说、游戏，都可以将生态文明宣传教育的理念和内容融入其中，承担起生态文明传播的基本职责。

六、大学生生态文明教育的课程体系途径

课程和教材是教育的直接载体。将绿色发展理念、生态文明理念逐渐融合到教育的所有环节中，就需要将生态文明教育添加到幼儿园、小学、中学、大学的教学教育计划内。

要积极推动高校生态文明的教材编写、课程制定、教学实施等，在修订课程标准和建设不同课程环节中注重生态文明的相关内容。修订有关教材，组织编写和生态文明普及有关的文件，支持建设一大批关乎生态文明教育的开放性在线性精品课程。

需要构建完善的生态文明专题课程体系，在各时期的教学规划和课程系统中添加生态文明的专题教育。

提倡高校开设和生态文明有关的选修课，选用或建设开放在线课程。全面支持大学生落实生态文明活动，且将其添加到生态文明教育考核系统中。

七、大学生生态文明教育的理论创新途径

生态文明教育需要相关人文和自然科学、工程和技术科学的创新引领，尤其要强化和生态文明相关的人文科学分析。

需要将习近平生态文明思想当作引导，大力发掘中华传统生态文化资源，积极借鉴世界各国优秀思想与先进经验，围绕建设生态文明的政策、理论、方针进行前瞻性、系统性分析。鼓励多学科交叉、合作研究，促进相关思想理论集成创新；积极推动有关学科的国际化发展，助力构建人类命运共同体；积极开展生态文明的教育模式、理念、方法等的分析和探讨，注重研究成果向教育资源的转化，用最先进的思想和知识规范行为、引导实践，培育有生态文明精神的新人。

强化生态文明层面的自然科学技术研究，可以重点开展能源优化、环境治理、生态修复等领域的技术攻关。深化改革科技体制，制定完善的可呈现生态文明科研活动的运行制度和管理制度，提倡试验研发、基础分析、工程应用等学科交叉、人才培养，提升创新综

合集成的能力。支持建设生态文明层面的试验基地、工程技术研究中心，建立转化科研成果制度，构建有显著需求的创新技术系统。

强化以科技创新为引导的生态文明教育。以科技创新革新生态文明教育形式，整合现有教育资源，提升教育系统的运转效率，落实不同学段教育的衔接、不同生态文明教育内容的结合。提倡设立保护环境、节能减排、修复生态等的专题讲座、通识选修课，支持环保、水利、自然资源、气象、基础设施运营等机构和公司专业技术工作者走进学校，参与设计课程、研发教材、培养人才，创建有我国特点、紧密衔接的生态文明教育课程系统。大力建设“互联网+”生态文明教育平台，开展线下线上有效融合的生态文明教育活动，强化和生态环保有关的试验教学仿真虚拟实验教学中心、实验教学示范中心、教学实践基地、教学实验室的构建。提倡使用诸多的生态文明教育合作，创新环保生态科学分析和培养生态文明教育人才的方式。

八、大学生生态文明教育的实践教学途径

生态文明教育是一种实践和理念，同样是环保教育，这要求生态文明宣传教育必须把实践教育放在一个极为突出的位置，并实现和环保教育的密切融合。要将宣传教育生态文明的实践基地构建为宣传教育生态文明的重要场地，将宣传教育生态文明融入和节约用水、垃圾分类、节能减排有关的环保教育活动内，有效发挥和呈现育人的功效。

各级政府需要协同组织、统筹资源，将该地区有典型性、代表性、先进性、示范性的工矿企业、自然保护区、生态环境监测和治理机构、旅游景区、大中学校和科研机构等，与相关大、中、小学及教育和培训机构合作，共同建设生态文明宣传教育实践基地。

教育部需要协同自然资源部门、生态环境部门、工业和信息化部门等单位开展生态文明宣传教育基地的认定工作，将生态文明教育成果、教育基地的建设当作考核该区域生态文明教育的主要内容。

参考文献：

[1] 阎桂芳，韩昕芮，姚好霞．生态文明入宪与相关法律保障体系的完善[J]．中共山西省委党校学报，2020，43（02）：81－83.

[2] 王晓为，王尧．生态人格的养成：大学生伦理道德培育的新维度[J]．思想政治教育研究，2018，34（05）：133－136.

[3] 石中英．回归教育本体——当前我国教育评价体系改革刍议[J]．教育研究，2020，41（09）：4－15.

[4] 吴向东．论马克思人的全面发展理论[J]．马克思主义研究，2005（01）：

29－37.

［5］本刊编辑部．在习近平生态文明思想指引下迈入新时代生态文明建设新境界［J］．求是，2019（02）．

本章知识拓展与讨论思考

知识拓展：

1. 生态文明：生物多样性与计算机、ESG（1）

2. 生态文明：生物多样性与计算机、ESG（2）

3. 生态文明：生物多样性与计算机、ESG（3）

4. 生态文明：生物多样性与计算机、ESG（4）

讨论思考：

1. 如何加强大学生生态文明教育？
2. 如何运用新媒体技术来推进生态文明教育？
3. 大学生在践行生态文明理念过程中应该如何发挥作用？
4. 如何强化大学生生态文明教育在生态文明建设过程中的地位与作用？

第六章 生态文明观

第一节　生态文明科学观

一、科学技术与科学观

科学是生产知识的活动，是人类对客观世界的正确认识，是反映客观事实和规律的认识，是反映物质世界的本质和生命世界生存状态和运动规律的知识体系，是人类的一种注重方法的基本认识活动；是一种专门的社会建制，是一类国家事业。技术是人类运用知识、经验和技能，并借助物质手段以达到利用、控制和改造自然的目的的完整系统。它是人们的知识和能力同物质手段相结合，对自然界进行改造的过程[1]。

科学和技术相互独立，又密不可分，是一个辩证统一的整体。科学与技术的关系可以划分为四个阶段：第一阶段，科学和技术是各自独立的，科学来自学者传统，以闲暇、好奇心和思想自由为前提条件；技术来自工匠传统，是生产经验的总结，谋生的手段。欧洲的“文艺复兴”开创了科学与技术的联姻。第二阶段，科学和技术各自独立发展是主流，以蒸汽机的发明和广泛应用为标志的第一次技术革命兴起，二者开始出现交集。第三阶段叫第二次技术革命或电力革命，以发电机和电动机的发明和应用为主要标志。科学走在技术前面、科学转化为技术、技术转化为生产力的周期越来越短。第四阶段，科学理论提出、新兴学科重大突破，新技术的科学含量高，发展快。科学技术高度一体化，也被称为高科技时代[2]。

【延伸阅读】文艺复兴（Renaissance）是指发生在14—16世纪的一场反映新兴资产阶级要求的欧洲思想文化运动。文艺复兴的概念在14—16世纪时已被意大利的人文主义作家和学者所使用。当时的人们认为，文艺在古希腊、罗马古典时代曾高度繁荣，但在中世纪“黑暗时代”却衰败湮没，直到14世纪后才获得“再生”与“复兴”，因此称为“文艺复兴”。文艺复兴最先在意大利各城邦兴起，以后扩展到西欧各国，于16世纪达到顶峰，带来一段科学与艺术革命时期，揭开了近代欧洲历史的序幕，被认为是中古时代和近代的分界。文艺复兴是西欧近代三大思想解放运动（文艺复兴、宗教改革与启蒙运动）之一。

科学离不开技术，技术也离不开科学，两者互为前提，互相依靠。科学为技术提供研究领域和理论依据，技术为科学研究提供探索工具和物质基础。随着现代科学和技术革命的兴起，科学与技术之间的联系越来越密切，一体化的趋势越来越明显。

马克思曾指出："生产力里面也包括科学在内。"[3]随着大机器工业和大规模农业的发展，"生产过程成了科学的应用，而科学反过来成了生产过程的因素即所谓职能"[4]。从科学技术的属性看，它不仅具有生产力功能，还具有意识形态或世界观、方法论作用。一方面，科学技术渗透和运用于生产过程，提高生产力要素水平，优化要素组合，使生产力不断增强，进而促进经济繁荣，提高物质文明，加速社会变革；另一方面，科学技术以其特有的科学精神、科学态度和科学方法，通过提高人的素质，提高精神文明，促进社会进步[5]。

1956 年 1 月，毛泽东同志发出"向科学进军"的号召。1978 年，党中央召开全国科学大会，邓小平同志作出"科学技术是生产力"的重要论断。1995 年，召开全国科学技术大会，江泽民同志号召大力实施科教兴国战略。2006 年，再次召开全国科学技术大会，胡锦涛同志部署实施《国家中长期科学和技术发展规划纲要》。2016 年，习近平总书记在全国"科技三会"上提出建设世界科技强国的号召。

科学是反映自然、社会、思维等的客观规律的分科的知识体系。"观"是人们对事物的看法和态度。科学观是人们对自然、社会、思维等客观规律分科知识体系的看法和观点。科学观不是建立在某一种具体科学理论的基础上，而是对科学基本的、总体的看法，它把科学作为探究和反思对象，提出各种各样的看法，形成不同的科学观。科学技术的研究与应用，需要正确、科学、与时俱进的科学观的引导。

二、生态文明科学观

党的十七大第一次将生态文明写入报告。党的十八大报告强调建设生态文明的重要性，将生态文明建设提升到更加突出的战略地位，报告指出："必须树立尊重自然、顺应自然、保护自然的生态文明理念，把生态文明建设放在突出地位，融入经济建设、政治建设、文化建设、社会建设各方面和全过程，努力建设美丽中国，实现中华民族永续发展。"

科学技术是文明的创造和发展的重要支点，建设生态文明，解决人口、资源、环境等许多问题需要更多的科学技支持[6]。生态文明阶段的自然界发展与人类发展的动态平衡是通过对人口的计划、资源的配置、土地的绿化等进行不断监控和协调来实现的。生态文明要求人类对自然界的索取限制在自然界保持其平衡的条件下，运用新技术建设有更高生物量的自然循环系统[7]。

生态文明科学观，是从生态文明的视角对待科学的观点和看法，是实现生态文明建设的重要支持。科学将伴随文明的改变而改变。生态文明需要我们获取到最好的知识，比以往任何时候都更需要科学。人类将在很大程度上依赖科学决定地球的可持续性边界，并确定不应逾越的边界。

科学实现了对自然的全面理解。过去，人们可能对自己位于某个河谷的小块土地了解很深，并对其猎物的栖息地有丰富的经验。传统知识有时非常深厚，然而也会狭隘有限。比起黄土高原或者中国北部平原的古老农夫，现代人更加了解黄河从其源头一路奔流，至其三角洲的全河段运行。然而，现代人还有更多的东西需要去学习，大多数科学家都承认这一点。科学家们认识到自身知识的局限性，认为我们对周围的世界仍然很无知。

生态文明要求公众尊重科学，科学研究需要大量的经费投入，要让科学家探寻新发现，并对所有人开放。所有的科学家，包括从事地球系统、生物系统、经济学、心理学与大脑，甚至历史学的科学工作者，在所有科学领域都能够发现关于人类与自然关系的宝贵新知识。

新技术、新知识的发现，必然带来新的理念和新的伦理。科学家们的工作是探索、发现新知，而所有人类有责任决定如何应用新知[8]。

三、生态文明与科学观的关系

生态文明包含着人类遵循人、自然、社会和谐发展这一客观规律而取得的物质与精神成果的总和，是人与自然、人与人、人与社会和谐共生、良性循环、全面发展、持续繁荣为基本宗旨的文化伦理形态[9]。构建生态文明，是生态文明阶段科学观指导下的科技进步的伦理要求，发展绿色科技是科技进步的必然选择。科学技术和生态文明相辅相成，互利共生，共同推动人类社会不断进步。

【延伸阅读】 绿色科技，是以保护人体健康和人类赖以生存的环境、促进经济社会可持续发展为主要内容的科技创新活动，覆盖能源节约、环境保护等领域，涉及绿色产品研发、绿色生产工艺设计，新材料、新能源和可再生能源开发，绿色消费和消费方式改进，绿色政策法规、环境保护理论等方面。

科学技术是服务于生态文明建设的物质支撑，而生态文明促使科学观走向生态化。生态文明建设是发展科学技术的精神内核。科学技术在如今已是一种建立在可持续发展基础上的现代科技，践行的是追求生态平衡和人的全面发展需要的生态科技观。

生态文明向科学观提出了以生态保护和生态建设为目标的新要求。科学价值观要实现转变。传统的科学价值观认为，科学的功能在于为人类征服自然、统治自然服务，它的价值体现在满足人对自然的索取上。生态文明科学观不仅要求科学，而且必须有可能为社会、自然的协调和全面发展提供正确的指导思想、实现途径和具体措施。技术的应用，要符合可持续发展的要求。生态文明要求将科学研究和技术应用纳入保护自然和建设自然中，推行生态化生产，实现可持续发展。确定生态文明的科学技术观，应当对传统经济理论的价值观加以修正，树立包括资源价值、环境价值在内的生态科学观、可持续发展观、生态文明道德观和科学的生物多样性保护观。

四、树立正确的生态文明科学观

1. 深化对科学的认识，树立生态科学观

科学技术的发展，使生产力发生了质的飞跃，促进了人们生活水平的提高和生活质量的改善，推动了社会变革。

科技革命总是能够深刻改变世界发展格局。16、17 世纪的科学革命标志着人类知识增长的重大转折。18 世纪出现了蒸汽机等重大发明，成就了第一次工业革命，开启了人类社会现代化历程。19 世纪，科学技术突飞猛进，催生了由机械化转向电气化的第二次工业革命。20 世纪前期，量子论、相对论的诞生形成了第二次科学革命，继而发生了信息科学、生命科学变革，基于新科学知识的重大技术突破层出不穷，引发了以航空、电子技术、核能、航天、计算机、互联网等为里程碑的技术革命，极大地提高了人类认识自然、利用自然的能力和社会生产力水平。一些国家抓住科技革命的难得机遇，实现了经济实力、科技实力、国防实力迅速增强，综合国力快速提升。

医学技术的进步是以科技的发展为基础的，20 世纪以来在基础医学、临床医学、器官移植、癌症攻克、康复和预防等多方面取得了进步。医术的进步延长了人类的寿命，使人的平均寿命从 55 岁提高到 72 岁左右。电子计算机的应用，减轻了人们的体力和脑力劳动。机器人替代人类从事一些危险性高的工作，在工作环境恶劣的地点开展作业。新材料的发现、核能的利用等，节约了地球上有限的非再生资源，使人们更好地在地球上居住生活。

科学技术不是万能的，也有缺陷和局限性，科技的运用也可能出现负面效应。科学技术的应用也取决于使用者的意愿、目标与素质。科技有时被人有意或者无意误用而产生危害性后果，引发社会问题、伦理道德问题等。

1962 年，美国生物学家蕾切尔・卡逊发表著作《寂静的春天》。书中揭示："19 世纪末，已有六种工业致癌物质为人类所知，20 世纪创造了无数新的致癌化学物质，并且使广大群众与它所亲密的接触。" 正是因为这些致癌物质中的一种叫 DDT 的化学杀虫剂喷洒到空气中造成了严重的大气污染，引起了一系列的恶性循环，最终导致那个春天死寂一般的宁静。恩格斯曾经说过："我们不要过分陶醉于我们人类对自然界的胜利。对于每一次这样的胜利，自然界都对我们进行了报复。"[9]

【延伸阅读】DDT，又叫滴滴涕，化学名为双对氯苯基三氯乙烷，是有机氯类杀虫剂，化学式为 $C_{14}H_9Cl_5$，为白色晶体，不溶于水，溶于煤油，可制成乳剂，是有效的杀虫剂。DDT 为 20 世纪上半叶防止农业病虫害、减轻疟疾伤寒等蚊蝇传播的疾病危害起到了不小的作用。但由于其对环境污染过于严重，很多国家和地区已经禁止使用。

2017 年 10 月 27 日，世界卫生组织国际癌症研究机构公布的致癌物清单初步整理参考，4，4′-二氯二苯三氯乙烷（滴滴涕）在 2A 类致癌物清单中。

我们要对科技加以正确控制和引导，科技不再是征服自然的工具，而是修复生态系统、改善和发展生态系统功能的助手，实现人与自然协调发展，做到合理发开和利用改造自然。

2. 培养生态意识，树立可持续发展观

科学生态价值观的基本理念是：人类的发展、繁荣和幸福依赖于地球生物圈的健康，人类必须在谋求发展和追求幸福的同时保护自然环境、维护生态健康；人类福祉依赖于物质生活资料的充足，但不依赖于物质财富的增长；一味追求物质财富增长的文明是不可持续的。以科学的生态价值观为指导的社会意识就是生态意识，良好的生态意识是解决人类面临的各种生态危机的思想基础，也是生态文明建设的精神动力[10]。

《可持续发展蓝皮书：中国可持续发展评价报告（2021）》中，国家级可持续发展指标体系数据验证结果分析显示：中国可持续发展状况继续稳步得到改善。2015—2019 年，中国可持续发展水平呈现逐年稳定提升的状态，经济实力明显跃升，社会民生普遍提升，资源环境状况总体改善，消耗排放控制成效显著，治理保护效果逐渐凸显。

报告认为，当前我国进入新发展阶段，也正处于可持续发展转型的关键期，需要在“十四五”期间坚定贯彻落实新发展理念，加快构建新发展格局，不断推进联合国《2030 年可持续发展议程》，动态保持经济、社会、环境三者有机平衡，推动中国实现更加包容、更具韧性、更为绿色的可持续发展[11]。

大学生要加强对自然环境的忧患意识和保护环境的生态意识，树立人、自然及社会相统一、相协调的整体利益观，从强调征服自然转向关注生态平衡，确立人类自身发展和自然发展的可持续性观念。

3. 增强生态责任感，树立生态文明道德观

世界自然保护同盟、联合国环境规划署和世界野生生物基金会于 1991 年共同发布《保护地球——可持续生存战略》，提出了人类可持续发展的原则：“人类现在和将来都有义务关心他人和其他生命。这是一项道德准则。尊重和爱护我们彼此的地球，应以一种可

持续的生存的道德准则表示出来。”维护生态平衡、保护环境的道德是可持续发展的道德[12]。

实现可持续发展有两个重要的支撑点，一是科学技术，二是伦理道德。科学技术是基础，道德对科学技术有制约作用。生态文明道德观是一种新的文明道德观，体现了高科技与高污染时代生态环境的新要求，是绿色文明的道德观，能从根本上解决农业文明与工业文明时代产生的环境问题和生态问题。

对科学技术的发明者、应用者进行科学技术伦理道德的教育，提高自身道德素质，尽量减少科学技术的负面影响，从而使科学技术更好地造福人类。科学技术伦理道德是指科技活动的道德引导。它规定了科技创新活动中人与自然、人与社会、人与人之间关系的思想行为规范；规定了科技发明者、使用者在发明和使用的过程中必须遵守的道德原则和规范；使发明者和使用者明白什么样的科技行为是善的，什么样的科技行为是恶的，什么该做，什么不该做；明确作为社会中的一员所应承担的社会责任和义务，避免科学技术带来的负面影响。

大学生作为高等教育的接受者，也要增强生态责任感，树立生态文明道德观，理性判断并恰当使用科学技术，利用科学和技术进步，促进经济发展，促进社会进步，促进生态文明建设。

4. 学习生态和环境保护知识，树立科学的生物多样性保护观

生物多样性是人类赖以生存和发展的重要基础。当前，全球物种灭绝速度不断加快，生物多样性丧失和生态系统退化对人类生存和发展构成重大风险。2020 年 9 月，世界自然基金会（WWF）发布的《地球生命力报告 2020》（*2020 Living Planet Report*）显示，1970—2016 年，哺乳动物、鸟类、两栖动物、爬行动物、鱼类等野生动物种群数量平均下降了 68%。因此，减缓生物多样性丧失的速度迫在眉睫。

生物多样性是可持续发展的基础，是生态文明的根本。生物多样性涵盖三个层次的内容：遗传资源多样性、物种多样性、生态系统多样性。

工业文明不可持续的发展方式带来了三大危机：生物多样性危机、气候危机、公共卫生安全危机，这是生态文明需要面对并迫切解决的问题。生态文明的头号敌人是工业文明时代不可持续的经济发展模式，会对生态环境造成严重的破坏，而工业文明模式下的政策、制度以及其指导下形成的具体举措，体现在经济建设中，则会对生物多样性保护带来一定阻力[13]。

当前人类所面临的栖息地丧失、自然灾害、极端天气等困境，无一不是因为人类活动而引起的。许多物种对周围环境非常敏感，水、大气、土壤等因素的轻微变化，都会导致

其种群的减少和灭绝。同样，人类不恰当的行为造成的生态环境改变，也在很大程度上影响生物多样性的丰富程度[14]。“基于人本的解决方案（Human-based Solution，HbS）”正是希望通过鼓励人民的参与，鼓励社区参与到生态环境保护中，自下而上地缓解、改善、弥补人们所欠下的生态“账”。

除了气候以外，环境还包括光、大气、土壤，整个人类的栖息地都面临着工业文明带来的巨大影响。我们的河流在过去都是自由流动的，它养育了地球整个的人类的生态系统，但是今天，几乎每一条河流上都建了无数的坝，生命不能够自由地流动。大家知道很多水生物要溯流产卵，要迁徙，现在这些都被阻断了[15]。

增强资源节约意识，节约是最大的环保，是每个人都可以为人类可持续发展、为生态文明建设作出的一份力所能及的贡献。片面追求经济增长、忽视环境保护，必然导致严重的环境灾难，以及由此所产生的一系列严重的自然灾害、土地荒漠化、海洋污染等。树立保护优先意识，与自然和谐相处，生态环境保护和修复工作是人类可持续发展的必由之径。

生态修复要坚持四个原则：节约原则、自然原则、有限原则和宏观原则[16]。

节约原则是最基本的原则，在开展生态工程的过程中所使用的每一滴水、每一度电都是生态的代价，生态代价就是对生态的负担。在修复过程之中，如果能做到节水、节电、节省人力、节省材料，就是对工程之外的生态的保护。

自然原则是指要按照自然的规律进行生态修复。如果能让自然长出草来，人们就一定不要人工种草坪；如果能让自然长出树来，人们就要减少人为种树。当今大量整齐划一、系统的铺地种树工程，看起来赏心悦目，其实是违反自然规律的。一些工程虽然使用了本地的物种，但却没有尊重环境本身的特征，比如在滨海湿地种树，应该尽量避免或减少这类工程。当然，自然原则并不等同于对自然放任不管，而是在尊重自然的同时积极地参与自然，面对河流溃堤、河底暴露带来的大规模沙尘暴，人类不能袖手旁观，要学习古代大禹治水、建都江堰的经验，将自然的原则放在首位，再进行人为的参与。

有限原则是指治理要适当，要根据其自然特征和客观需要进行有限治理。比如，治理一个湖里的水，一定要达到饮用水的标准才能叫合格吗？不是的，高标准的治理不一定是科学的治理，因为它同样意味着更多的消耗和投入。更洁净的湖水需要投放更多的化学试剂，这都是自然的负担，即使是被叫作清洁能源的风力、水力发电，它们的产生同样需要设备的支持，消耗资源。当年的常州毒地案，为了修复被化工厂污染过的土地，大动干戈，把土挖出来，运走烘焙，再洗弄干净，整个过程不仅花费大量人力物力，并且造成了次生的污染。因此，治理要适当，要根据其自然特征和客观需要进行有限治理。

宏观原则是指生态修复要进行系统治理和整体把握。在修复一个地方的时候，要考虑到其周边的环境，再确定其治理、修复的强度以及最后的标准。比如，在城中心和郊区，对昆虫或者有害的物种的治理强度可能就有所不同。同理，在入海口和非入海口的排污标准也要有所差别。整体把握意味着考虑到对整体生态而非某个局部的影响。腾格里沙漠那里曾有一块历史上造纸厂带来的污染地块，当地有关部门为了清除这块污染地，挖了其他地区的地来填补这块的空缺，在挖地过程中不仅加剧扩散土地原本的污染，也破坏了原本好的土壤。这既不符合宏观原则，也违反了自然原则和有限原则。

【延伸阅读】 常州毒地事件，指的是如今常州市外国语学校北部那块面积约 26.2 公顷的平地，三所化工厂曾在此兴旺，分别是建于 1958 年的江苏常隆化工有限公司、建于 1983 年的常宇化工有限公司和建于 1990 年的常州市华达化工厂。2018 年 12 月 27 日上午，自然之友、中国绿发会（全称“中国生物多样性保护与绿色发展基金会”）与常隆公司、常宇公司、华达公司环境民事公益诉讼上诉案在江苏省高级人民法院公开宣判，并通过互联网平台全程直播。2022 年 8 月 18 日，最高人民法院正式开庭审理常州毒地案。

污染治理遵循“三公理”：“不扩散”公理，“不为害”公理，“充分公示”公理[17]。

“不扩散”公理，要求污染治理的过程中，最重要的是要防止扩散。比如重金属污染的土地，如果要加强它的灌溉，雨水冲洗地下水，会使地下水扩散，使得雨水冲刷之后的河流扩散。这样的治理是不当的。污染治理的第一公理，就是要停止它的扩散。如果长期监测发现它还在不断地向周边和自然区域以外的地区扩散，那是不对的。随着它的扩散，应该加大治理的区域，它所有扩散的地区都应该被纳入治理及治理监测的区域。

“不为害”公理，是指在治理的过程中不再产生二次或次生危害。例如，常州毒地案，土地已经遭到严重污染了，挖出那块土地的土运到别处去，然后再去烘焙，洗干净？这就不符合第二个“不为害”公理。这种治理方法“为害”了，因为挖的过程之中有毒气体跑出来了，周边的学生闻到了刺鼻的气味。运输土壤、固体填埋……都带来了再次污染，所以既违背了“不为害”公理，又不符合“不扩散”公理。

“充分公示”公理，是指将污染情况及治理过程和治理结果充分告知公众，保障公众的知情权，从而形成一个良性的循环，使得污染治理工作变得更加有效。例如，土地曾存在过什么样的污染、进行了什么样的治理、现在检测是什么样的结果，都要公示。

参考文献：

[1] 赵祖华．现代科学技术概论[M]．北京：北京理工大学出版社，1999.

[2] 高新莉，管胜侠．马简论马克思的自然科学观[J]．马克思主义哲学研究，2018（01）．

[3] 卡尔·马克思．政治经济学批判大纲（草稿）（第3分册）[M]．北京：人民出版社，1963：350.

[4] 卡尔·马克思，弗里德里希·恩格斯．马克思恩格斯全集（第47卷）[M]．北京：人民出版社，2004：570.

[5] 孙彦泉．生态文明的科学技术观[J]．科学技术哲学研究，1999，016（003）：7－10.

[6] 王晓靖，戚红蕾．生态文明视角下的科学技术观[J]．才智，2014（25）．

[7] 申曙光．生态文明及其理论与现实基础[J]．北京大学报，1994（3）．

[8] [美] 唐纳德·沃斯特．谁之自然：生态文明中的科学与传统[J]．经济社会史评论，2018（2）．

[9] 杨京平．农业生态工程与技术[M]．北京：化学工业出版社，2001.

[10] 中共中央马克思恩格斯列宁斯大林著作编译局．马克思恩格斯选集（第4卷）[M]．北京：人民出版社，1995.

[11] 中国国际经济交流中心，美国哥伦比亚大学地球研究院，阿里研究院，飞利浦（中国）投资有限公司．可持续发展蓝皮书：中国可持续发展评价报告（2021）[M]．北京：社会科学文献出版社，2021.

[12] 世界自然保护同盟，联合国环境规划署和世界野生生物基金会．保护地球——可持续生存战略[M]．北京：中国环境出版社，1992：1－4.

[13] 周晋峰．政策、制度之于生物多样性是一把双刃剑[J]．生物多样性保护与绿色发展，2022，1（2）．

[14] 封紫，周晋峰．构建新形势下的区域全面生物多样性评估体系[J]．生物多样性保护与绿色发展，2021，1（1）．

[15] 周晋峰．生物多样性是同一健康、人类可持续发展的基础[J]．生物多样性保护与绿色发展，2022，1（3）．

[16] 周晋峰．遵循生态保护原则修复矿山[N]．人民日报海外版，2020－09－29（08）．

[17] 鞠立新．绿水青山重现　矿山变身景区[N]．人民日报海外版，2020－09－29（08）．

第二节 生态文明文化观

一、文化、文化的构成及其不同历史阶段的特点

文化的概念非常广泛，很难给出一个严格精确的定义。20 世纪初以来，哲学家、社会学家、历史学家、人类学家、语言学家等从各自的学科角度来定义文化，但是至今仍没有一个定义获得公众的认可和满意。人们对文化的理解有很大的差异，这充分证明了“文化”的概念宽泛难定。

从社会学和历史学的角度来看，文化是一种社会现象，是人们长期社会活动创造形成的产物；也是一种历史现象，是社会历史的丰厚积淀。文化是指一个国家或民族的历史、地理、风土人情、传统习俗、生活方式、文学艺术、行为规范、思维方式、价值观念等。

从广义上看，文化是指人类在社会历史发展过程中所创造的物质财富和精神财富的总和，包括物质文化、制度文化和心理文化三个方面。物质文化指人类创造的物质文明，是可见的显性文化；制度文化和心理文化则指各种制度及思维和心理等方面的不可见的隐性文化[1]。

从文化构成看，中国当代文化主要由三大部分组成——以儒家学说为核心的中国传统文化；明代以来吸收的西方古典文化和西方近现代资产阶级文化；五四运动以来传入中国的马克思主义文化。可见，中国文化并不是一个封闭的僵化的文化系统，而是一个充满了活力的开放的文化系统，它“是在主体文化的基础上，不断汲取内外多维文化的营养，在开放的融汇中发展。即以本位文化为基础，大量汲取、融汇异质文化的精华，以对异质文化的开放，促进本位文化的开拓。从这个意义上看，中国文化是一种多维的动态结构”[2]。

在原始社会，表象化、直觉化的文化模式占主导地位，包括在此基础上形成的图腾崇拜；在农耕社会，自然主义、经验主义的文化占主导地位；在工业化社会，理性主义的文化模式占主导地位；在后工业时代和当代科技的影响下，后工业文明的文化模式占主导地位。随着科学技术的迅速发展，文化也增添了不少新意和活力，并且具有鲜明的时代特色。每一次科学技术的突飞猛进的变革，都开阔了人们的认知范围和思想境界，使人们对文化的理解不断递进。

马克思主义文化观认为，文化产生于人类的社会实践，文化的本质是社会实践的结果。也就是说，人类是社会实践的主体，文化是人类进行社会实践的结果。马克思主义文化观以辩证唯物主义和历史唯物主义为哲学基础，以人民利益为根本，以促进人的自由全

面发展为目标[3]。

文化可以划分为物质、社会组织结构、观念精神三个相互联系的层次，构成一个同心圆的圈层结构，观念精神位于核心，是文化的固有内核。每一种文化的形成都是特定的信仰与观念通过社会风俗、文学艺术、科学和教育传播展开，进而影响社会的各个层面[4]。

二、文化观、马克思主义文化观以及生态文明文化观

文化观是人们认识、理解、对待精神生活及其成果等文化现象的基本态度和根本观点，是人们的世界观在文化问题上的反映。马克思主义文化观是以辩证唯物主义和历史唯物主义的立场、观点、方法来认识、对待文化现象，揭示文化产生和发展规律，是马克思主义世界观在文化问题上的反映。

中国共产党运用马克思主义的立场、观点、方法，将马克思主义文化观与中国文化发展实际相结合，研究和解决中国革命、建设、改革的实际问题，团结带领全国各族人民不断以思想文化新觉醒、理论创造新成果、文化建设新成就推动党和人民事业向前发展，丰富和发展了马克思主义文化观。

2012 年，党的十八大报告将生态文明建设与经济建设、政治建设、文化建设、社会建设一起列入“五位一体”总体布局。生态文明地位的提升，体现了我们党对生态文明建设更加重视，对生态发展规律的认识更加深刻，也顺应了时代的要求、民意的呼唤。

党中央高度重视社会主义文化建设，围绕建设社会主义文化大发展大繁荣的主题，创造性地提出文化自信，强调坚持社会主义道路自信、理论自信、制度自信、文化自信，在中国特色社会主义理论维度、实践维度、制度维度又增加了文化维度，深化了对文化的认识，回答了新时代我国文化建设的战略地位、战略目标以及战略路径等问题，进一步丰富和发展了马克思主义文化观。

生态文明思想实现了对人类文明发展规律的再认识，在人类社会发展史、文明演进史上具有里程碑意义。一是丰富发展了马克思主义自然观。马克思和恩格斯强调自然、环境对人具有客观性和先在性，人们对客观世界的改造，必须建立在尊重自然规律的基础之上。尊重自然、顺应自然、保护自然的生态文明理念，是对马克思主义关于人与自然关系理论的继承和发展，对多年改革开放实践经验的精辟总结。二是丰富发展了马克思主义生产力理论。生产力是一切社会发展的最终决定力量。马克思指出，不仅自然界是劳动者的生命力、劳动力和创造力的最终源泉，而且是“一切劳动资料和劳动对象的第一源泉”。生态文明思想强调牢固树立保护生态环境就是保护生产力、改善生态环境就是发展生产力的理念。把自然生态环境纳入生产力范畴，深刻阐明了生态环境与生产力之间的关系，揭示了生态环境作为生产力内在属性的重要地位。三是深刻揭示了人类文明发展规律：生态

兴则文明兴，生态衰则文明衰。人类社会的发展史，从根本上说就是人类文明的演进史、人与自然的关系史。四是明确界定了生态文明的历史阶段。人类经历了原始文明、农业文明、工业文明，生态文明是工业文明发展到一定阶段的产物，是实现人与自然和谐发展的新要求[5]。

生态文明作为一种新的文明形态，是人们基于对工业文明弊端的反思后提出的一种力求实现人口、资源、环境之间协调发展的文明范式。生态文明概念的提出基于生态学的基本观点，在一个独立的生态系统中，所有生命存在和非生命存在都有着极其重要的作用。高度自觉地保护适合于人类可持续生存和发展的自然生态及其再生能力，是人们创造和发展文明的应有之义。

三、当代大学生应该树立怎样的生态文明文化观

1. 学习并弘扬中华优秀传统文化，展现文化自信

中华传统文化是中华民族的生存方式和精神家园。中华文明历史悠久、源远流长，孕育了中华民族的宝贵精神品格，培育了中国人民的崇高价值追求。中华文化塑造了中华民族自强日新、厚德载物的精神追求，赋予了中华民族生生不息的生命力。老子、孔子、墨子、孟子、庄子等中国诸子百家学说至今仍然具有世界性的文化意义。

中国传统文化的基本精神与生态文明的内在要求具有一致性，是生态文化的重要源泉和主要内容。儒家主张“天人合一”，肯定人与自然界的统一，认为天地万物有其内在价值，主张以仁爱之心对待自然，体现了博爱的人文关怀。佛教则宣扬随缘而生，慈悲为怀，随缘顿悟，佛化自然，具有深刻的尊重生命及其环境的生态伦理思想。道教推崇道法自然，天道无为，天地万物，尊道贵德。

《易传》说:“夫‘大人’者，与天地合其德，与日月合其明，与四时合其序，与鬼神合其吉凶。”[6]“大人”即君子，君子立德有四合。荀子意识到“天行有常，不为尧存，不为桀亡，应之以治则吉，应之以乱则凶。”[7]孔子提出“子钓而不纲，弋不射宿”，从而保证鸟兽的持续繁衍[8]。老子告诫人们，“知足不辱，知止不殆，可以长久”[9]。

我国的传统文化大都蕴含着深厚的传统生态文化思想，有“天人合一”的自然观，有“道法自然”的明理观，有“节欲勤俭”的朴素观等，这些哲学思想处处体现着生态智慧。习近平生态文明思想吸收传统生态观，结合当前生态实际问题，实现对传统生态文化观的创新性转化和发展，进而对生态文明建设提出了许多新要求，是生态文明建设的重要指针[10]。

生态文明文化观主张人对自然承担道德义务，善待自然，不能无止境地向自然索取、破坏生态环境，在谋取物质利益时必须自我约束、有所控制、行为节俭，树立良好的生态

意识，确立绿色发展理念，提升伦理道德境界。

中国自古以来在祭祀神明、祖先的仪式上中都有熏烧香品（古称“烧香”）的习俗。现在提倡文明祭祀，但在不少地方，有人依然选择焚香烧纸、焚烧祭品、燃放鞭炮的祭祀方法缅怀先人。这不仅影响市容环境，产生二氧化硫、氮氧化物等不利于人体健康的污染物，更容易带来安全隐患。应该采取文明祭祀的方式，选用鲜花祭祀、网上祭祀来祭拜先人，宣读祭文、用心哀思，以精神传承代替传统实物祭祀。减少浪费、杜绝污染，也用文明的祭祀来表达了对先人的最好告慰，自觉树立文明祭祀的新风尚。

鹰猎文化是一门古老的技艺，并在长期的传承和传播中逐渐形成了各具特色的民族习俗，具有丰富的文化交流内涵。鹰猎文化中捕鹰（拉鹰）、驯鹰、鹰猎中的鹰隼类，一般是指日行性猛禽，也就是属于鹰形目和隼形目的各种鸟类，比较常见的包括苍鹰、雀鹰、松雀鹰、日本松雀鹰、矛隼、猎隼、游隼、灰背隼等。这些猛禽为国家Ⅰ、Ⅱ级重点保护野生动物。我国各级政府迄今未向民间颁发过任何一次对国家Ⅰ、Ⅱ级保护动物的狩猎许可。当今的全球生态，人类社会的高速发展和活动边界不断的扩张，已经极大干扰甚至破坏了猛禽的栖息和繁殖生境，猛禽数量大为减少，保护野生动物，促进人与自然和谐共生已成为当下时代发展的必然。而鹰猎文化的本质，是人类驯鹰狩猎，是对天性自由的猛禽生存的一种严重干扰，甚至伤害，不应打着保护它们、保护文化的旗号来满足人类自身的私欲。

中医善于发现和发明野生动植物的药用价值，例如犀角、虎骨、羚羊角、野山参、麝香等，对人类保健事业作出了独特的贡献，是非物质文化遗产的重要组成部分，应当受到尊重和保护。但为了拯救珍稀濒危中药，可以采取野生药材人工繁育养殖、人工接种技术、野生抚育、生物技术等方法，实现濒危药材生产、满足药用，同时这也是保护濒危野生动植物的最佳途径。

2. 甄别吸收西方文化

改革开放后，中国通过引进外资、技术和学习西方先进的经济管理经验等方式提升国内产业结构、技术水准，从而提升国内企业和产业的竞争力。外来文化也大规模涌入，例如文学、科学、艺术、宗教、哲学、节日、饮食、衣着等，人们的价值观、伦理观、道德观也随之发生了变化。中国加入 WTO，以及社会的日益信息化，西方文化的传播领域越来越广，手段也越来越新，宣扬西方的价值观念和生活方式，让其他国家的人民尤其是青年学生认可并追求他们的价值观念和生活方式。

集体主义是指一切言行以合乎无产阶级及其广大人民群众集体利益为根本出发点的思想。集体主义是共产主义道德的核心，是社会主义精神文明的重要标志，是无产阶级世界观的内容之一，是调节个人利益与集体利益的原则。集体主义主张个人从属于社会，个人利益应当服从集团、民族、阶级和国家利益。2017 年 10 月 18 日，习近平同志在党的十九大报告中指出，要加强思想道德建设，加强集体主义教育[11]。

【延伸阅读】 世界贸易组织（World Trade Organization），简称世贸组织（WTO），是一个独立于联合国的永久性国际组织。世贸组织总部位于瑞士日内瓦。世界贸易组织的职能是调解纷争，加入 WTO 不算签订一种多边贸易协议。它既是贸易体制的组织基础和法律基础，还是众多贸易协定的管理者、各成员贸易立法的监督者，以及为贸易提供解决争端和进行谈判的场所。

作为因独立战争胜利而成立的国家，美国形成了非常狂热的梦想主义信仰以及对个人英雄主义的崇拜。美国电影里的主角都是力挽狂澜的伟岸英雄形象，都有着独来独往的大侠风范，个人英雄主义展示得淋漓尽致。强调个人自由、个人利益，从个人至上出发，以个人为中心来看待世界、看待社会和人际关系的世界观。这种理论主张个人本身就是目的，社会只是达到个人目的的手段。

周晋峰指出，个人主义和集体主义都是非常重要的，是调节人与自然、人与集体关系的内容。它们既有时间的差别，也有地域的差别。东方人更强调集体主义，这与东方在资源环境、人口密度等历史发展中的积存是紧密相关的。在集体主义比较强大的共识的前提下，充分关注每一个人——充分发挥每一个人的不同，是我们应该补足的[12]。

享乐主义是一种源于西方的观念，把追求感官上的快乐视为人生的目的，认为光凭感官上的快乐就能使人满足和幸福，放弃高尚品格、崇高理想信念追求，是消极的人生观与价值观。

2013 年 7 月 11—12 日，习近平总书记在河北调研指导党的群众路线教育实践活动时指出："享乐主义实质是革命意志衰退、奋斗精神消减，根源是世界观、人生观、价值观不正确，拈轻怕重，贪图安逸，追求感官享受。"[13]

如今中国已经成为世界第二大经济体，民族自信心更强，民族尊严能够坚决捍卫，我们不能妄自菲薄，也不能盲目自大。对西方文化要仔细甄别，取其精华，去其糟粕。可以借鉴西方的思想、制度、科学技术等领域中的长处，提高我们的人文涵养和科学技术水平，提高民族自尊心和自信心。

3. 深刻践行生态文明文化观

生态文明是人类社会发展进程中"更高阶段和更高形态的文明"，体现了人与自然的和谐关系。生态文明是基于改善和优化人与自然的关系，建设科学的生态运行机制和良好的生态环境支撑的物质、精神、制度方面积极成果的总和。生态文明的核心是人与自然和谐共生的价值观在经济社会发展中的落实及其成果的反映，倡导尊重自然、保护自然、合理利用自然，主动开展生态建设，实现生态良好、人与自然和谐共生。

生态文明是人类为保护和建设美好生态环境而取得的物质成果、精神成果和制度成果的总和，是贯穿经济建设、政治建设、文化建设、社会建设全过程和各方面的系统工程，单独从某一个或几个方面推进，难以从根本上解决问题。

（1）生态文明转向

要实现生态文明转向，就必须从两个方面进行变革。首先是伦理价值观的转变，改变人们对自然存在的认识；其次是生产和生活方式的转变，改变工业文明时期资源浪费型生产方式和消费方式。

无论是在家庭中，还是在学校中，乃至走向社会参加工作，大学生们都必须时时刻刻坚持良好的生态文明文化观念，以自己良好的行为影响、促进他人共同发展，做一个有生态素养的人，促进社会全面发展。

（2）强调以人为本的宗旨

强调以人为本的宗旨：良好生态环境是最公平的公共产品，是最普惠的民生福祉。生态环境问题是利国利民利子孙后代的一项重要工作，要为子孙后代留下天蓝、地绿、水清的生产生活环境。

（3）辩证看待经济发展与生态环境保护的关系

我们既要绿水青山，也要金山银山；宁要绿水青山，不要金山银山；绿水青山就是金山银山。这就要求我们辩证看待经济发展与生态环境保护的关系。与此同时，要系统看待生态系统，要认识到：山水林田湖是一个生命共同体。

“绿水青山就是金山银山”的财富观反对将经济发展与环境保护截然对立，主张两者协同发展，保护环境就是保护生产力，改善环境就是发展生产力，实质上要求把环境保护与经济发展统一规划，依托丰富的自然资源、良好的生态环境，通过旅游扶贫、绿色种养等，走一条生态产业化和产业生态化相得益彰的绿色发展道路，让良好生态环境成为经济可持续发展的支撑点[14]。

（4）把牢生态底线

牢固树立生态红线的观念，在生态环境保护问题上，不能越雷池一步，否则就应该受到惩罚。生态文明建设要以底线思维为指导，设定并严守资源消耗上限、环境质量底线、生态保护红线，将各类开发活动限制在资源环境承载能力之内。

新时代，针对部分地区由于毁林开荒、乱砍滥伐、过度放牧、开山挖矿等而造成环境恶化、生态破坏、百姓怨言、发展缓慢，习近平总书记谆谆告诫人们要铭记“只有尊重自然规律，才能有效防止在开发利用自然上走弯路”的道理[15]。

【延伸阅读】 生态保护红线的实质是生态环境安全的底线，目的是建立最为严格的生态保护制度，对生态功能保障、环境质量安全和自然资源利用等方面提出更高的监管要求，从而促进人口、资源、环境相均衡，经济、社会、生态效益相统一。生态保护红线具有系统完整性、强制约束性、协同增效性、动态平衡性、操作可达性等特征。具体来说，生态保护红线可划分为生态功能保障基线、环境质量安全底线、自然资源利用上限。

（5）培养生态文明道德观、审美观

培养生态文明道德观、审美观，以塑料花、人工草皮、动物皮毛消费等为时尚、为美的观念，是工业文明时代的审美理念，是利益驱动下道德观念沦丧的体现，与这些审美理念相伴而生的是大量塑料垃圾污染、资源消耗、野生动物杀戮和人畜共染病的传播。要培养新时代审美理念和道德素养，全面融入以自然为美、尊重自然、尊重生命、节约资源的生态文明道德观。

参考文献：

[1] Stern，H. H. Issues and Options in Language Teaching [M]. Oxford：Oxford University Press，1992.

[2] 钟明善，朱正威．中国传统文化精义[M]．西安：西安交通大学出版社，1999.

[3] 吴俊平．美丽中国建设的文化价值[N]．中国社会科学报，2021-12.

[4] 张蕖．浅谈构建生态文化观与生态文明教育[J]．山东省农业管理干部学院学报，2012，29（3）.

[5] 赵建军．深入理解习近平生态文明思想的核心价值[EB/OL]．中国共产党新闻网，http：//theory.people.com.cn/GB/n1/2018/0607/c40531-30041757.html.

[6] 刘彬．《易经》校释译论[M]．济南：山东人民出版社，2019.

[7] 刘建生．荀子精解[M]．北京：海潮出版社，2012.

[8] 孔子．论语全集[M]．张铭一，注译．北京：海潮出版社，2007.

[9] 黄克剑．老子疏解[M]．北京：中华书局，2017.

[10] 张艳，董一冰．习近平生态文明思想对优秀传统生态文化观的创新性转化[J]．农村经济与科技，2021（8）.

[11] 习近平．坚定文化自信，推动社会主义文化繁荣兴盛[EB/OL]．（2017-10-

18）. 新华网，http：//www. xinhuanet. com//politics/2017 - 10/18/c_ 1121820800. htm? baike&f_ ww = 1.

[12] 周晋峰. 东西方比较视野下的个人主义与集体主义[EB/OL]. 中国绿发会订阅号，2021 - 02 - 12.

[13] 顾保国. 幸福论：中国共产党人始终不变的初心和使命概述[M]. 北京：中共中央党校出版社，2019.

[14] 张乾元，冯红伟. 习近平生态文明思想对优秀传统生态文化的传承与发展[J]. 西北民族大学学报（哲学社会科学版），2020（6）.

[15] 中共中央文献研究室. 习近平关于社会主义生态文明建设论述摘编[M]. 北京：中央文献出版社，2017.

第三节　生态文明消费观

一、消费以及消费观的概念

消费是人类社会再生产的一个重要部分，在经济学中被定义为存在于一定的经济关系中，并依靠这种关系，通过获取必要物品或劳务实现自身生存和发展的过程[1]。本书中所说的消费，不单指个人的消费，还包括为满足个人消费而导致生产资料消耗的生产消费。

凯恩斯理论将消费分为自发性消费和诱发性消费。自发性消费是指人类为了满足日常生活必需而进行的消费，诱发性消费是指除了满足日常生活必需外，因为消费欲望的增加或者社会中各种因素的诱惑而进行的消费[2]。

【延伸阅读】凯恩斯经济学是约翰·梅纳德·凯恩斯及其门徒发展而成的一整套经济思想。它主要分析消费总量和收入总量的因果关系，认为总收入等于总消费加投资。如果储蓄的每一增加不被新的投资所抵消，收入就会下降，失业就会上升。

消费观则是一种消费观念形态，指导和决定着人们日常生活中的消费对象、消费方式以及消费趋势等[3]。消费观受社会经济发展水平、文化发展水平等诸多方面因素的影响。总的来说，消费的发展水平与人类文明的发展水平呈正相关的关系，即社会生产力发展水平越高，财富越丰富，人类对精神物质需求也越高[1]。

二、消费观的历史演变

随着人类社会的文明形态由原始文明发展到农业文明、工业文明，再到人类文明新形态的生态文明，消费观也发生着巨大变化。

在原始文明，约在石器时代，人类生存条件极为限制，生产力水平低下，主要通过采集、狩猎、渔猎等必须依靠集体力量的方式来满足生存需求。这个时期，在人类心里，只有依靠自然、敬畏自然才能生存下来。因此，原始文明时期，人本自然，人类活动并未对自然产生影响，消费观属于生存需求消费观。

农业文明时期，人类行为选择开始明显区别于其他动物，通过长期实践探索，人类学会了利用气候资源、土地资源、生物资源以及发明各种工具来改善生活条件，生产自然可降解的社会产品。例如，为了长期稳定地获取食物来源，人类学会了耕作农作物和饲养家畜，并利用工具、木以及石料等建筑房屋；为了取暖和照明，人类学会了用火；等等。在这个时期，人类开始大规模地向自然索取资源，但出于对自然条件的依赖和顺从，社会生产力仍然较低，为了生存，人类不仅需要辛勤地劳作，同时养成了朴素、节约的“禁欲主义”消费观念，这种消费观非常有效地缓解了社会供需之间的矛盾[1,4]。

【延伸阅读】 禁欲主义最初是古代人民无力改变现世困苦生活而诉诸宗教而形成的一种道德理论，主张压抑肉体欲望以获得道德完善；在现代化过程中，通过宗教教义和道德哲学的发展而改造成了一种适应现代社会关系的道德观念。

工业文明，以18世纪英国工业革命为标志拉开序幕，科学技术的进步使得社会生产力水平和生产效率得到了大大的提升。为了追求更高的利益，资本家们盲目地扩大生产、鼓励消费，大大地拉高了社会总需求。这种以工业大生产为基础的社会，一方面催化了“享乐主义”消费观的诞生和异化消费行为的出现，例如现在有些消费者追求品牌、追求时尚、追求场面、追求新鲜等行为都是享乐主义消费观的典型特征，这种仅仅为了消费而消费、远远超过人类自身所需的消费行为造成了资源的大量浪费；另外一方面，由于人类的过度消费，人对环境的破坏速度远远超过了自然生态系统的自我修复和再生的速度，这不仅降低了当代人的生活环境质量，而且剥夺了后代人享用更多自然资源的权利，进而影响人类的可持续发展；除此之外，社会分工更为严密，造成人与人之间拥有的财富数量差距过大，引起社会不稳定的问题。由此可见，这种“征服”自然与享乐主义的消费观给人带来物质享受的同时，还将人类引向了莫名的灰色陷阱[1,4]。

工业革命以来，人类开始对自然资源进行肆意攫取，大气污染、酸雨、水污染、物种灭绝、臭氧层空洞、植被退化等问题的出现终于让人类意识到，地球再也没有能力支持工业文明的继续发展，人类需要新的文明来延续其生存。因此，以尊重和维护自然为前提，通过可持续的生产方式和消费方式引领人类走上和谐可持续发展道路的生态文明就顺势诞生了。

【延伸阅读】臭氧层空洞是大气平流层中臭氧浓度最小处，是臭氧层缺失处。而臭氧层在大气平流层中臭氧浓度最大，是地球的一个保护层，太阳紫外线辐射大部分被其吸收。有臭氧层空洞的地区会对生物产生重大的影响。

《21世纪议程》指出："地球所面临的最严重的问题之一，就是不适当的消费和生产模式，导致环境恶化，贫困加剧和各国的发展失衡。"人类所面临的自然灾害、极端天气等困境与人类活动关系巨大，解铃还须系铃人，人应该深化"基于人本的解决方案（Human-based Solution，HbS）"理念[5]，以"我"为中心，从自己扮演每一个角色做起，以自下而上、从根本上解决由人带来的生态环境问题。

作为消费者的人类，树立绿色可持续的消费价值观是构建生态文明的重要前提。于是，人类开始强调人与自然共生共融、追求人与生态和谐，并倡导践行生态文明消费，希望从消费上、根本上引导资源节约和环境友好[6,7]。

三、生态文明消费观的内涵

生态文明消费观，具体而言，就是在全社会倡导绿色消费、可持续消费、生态消费、循环消费、适度消费、低碳消费和健康消费等，用可持续发展的眼光来看待消费。

绿色消费是人类意识到环境问题后最先提出的合理消费的概念。绿色是生命、健康、活力和清洁的象征。绿色消费，顾名思义，就是指不污染环境、有益健康的消费。1987年，英国人John Elkington和Julia Hails在《绿色消费者指南》一书中第一次提出了绿色消费的观点，书中从消费对象的角度对绿色消费进行了三个方面的界定：（1）消费无污染物品；（2）消费过程中不污染环境；（3）自觉抵制和不消费那些破坏环境或大量浪费资源的商品等[8]。随着绿色概念的延伸，绿色消费不仅仅限制在绿色产品的消费，而且指一切无害于人类的各种消费：绿色食品、绿色用品、绿色享受、绿色出行等，有利于环境保护、节约自然资源和维持生态平衡的消费选择[9]。

可持续消费是实现可持续发展的一个方面，要求当代人的消费，在满足自身的需求的同时，还要考虑后代发展的需求和可能。1981年，美国人莱斯特·R. 布朗（Lester R. Brown）在《建设一个可持续发展的社会》一书中第一次明确提出了"可持续"的概念[10]。1992年，里约热内卢联合国环境与发展大会在《21世纪议程》中提出，消费也应具备"可持续性"。1994年，联合国环境规划署（UNEP）在内罗毕发表《可持续消费的政策因素》报告中，首次对可持续消费提出定义："提供服务以及相关的产品以满足人类的基本需求，提高生活质量，同时使自然资源和有毒材料的使用量最少，使服务或产品的生命周期中所产生的废物和污染最少，从而不危及后代的需求。"国内学者在此定义基础上进一步扩展了内涵。俞海山将可持续消费定义为："既能满足当代人消费发展需要，而又不对后代人满足其消费发展需要的能力构成危害的行为。"这体现了可持续消费的"发展性"和"可持续性"双赢[11]。具体如何实现可持续消费，则需要政府、企业和公众层面点点滴滴地去践行，如使用无公害的产品，节约资源（水、电等），注重消费过程中和消费后的资源回收与利用，等等。

生态消费是经过理性选择的、与一定的物质生产和生态生产相适应的消费规模与消费水平所决定的并能充分保证一定生活质量的消费。生态消费既符合物质生产的发展水平、满足人的消费需求，又符合生态生产的发展水平、不对生态环境造成危害，具有节约性、无害性、持续性、全面性等特点[12]。生态消费的提倡者认为，人类隶属于生态环境系统，强调了人与自然环境的和谐性，对保护生态环境具有重要意义[8]。

循环消费是指在消费过程中以提高资源利用效率和减少环境污染为目标，尽量延长消费品服务的时间，并做好废物资源再生的消费行为[13]。即提倡物质资源消费的适度性和合理性，并在日常生活中，最大限度地对消费品进行再使用、对废弃物进行资源化。例如，垃圾分类、中水回用、旧衣物回收等，都是循环消费的典型方式。

适度消费是为促进可持续发展战略而提出的概念，它需要人类在满足自身发展需求的同时，又将消费水平控制在经济、技术、资源及环境等客观条件允许的范围之内[4]、不对生态环境造成过度浪费。比如：在个人消费上，应与个人和家庭收入水平相适应，坚持"量入为出、略有结余"的原则；在资源与环境方面，要注重节约资源、改善环境及维持生态环境平衡。适度消费无论是对于个人还是对于社会，都是促进其良性运行与协调发展的重要基础。

低碳消费是在全球气候变化的大背景下提出来的。自从1997年《京都议定书》中首次提出"低碳"的概念以来，"低碳消费""低碳经济""低碳生活"等概念也依此诞生。低碳是由工业文明向生态文明过渡的重要特征[14]，所谓低碳，就是指降低二氧化碳、甲烷等温室气体的排放；低碳消费就是指在满足生活质量和需求的基础之上，使用低能耗、无污染，利用新型能源来替代传统化石能源的低碳消费模式[8]。低碳消费概念的提出，体现了人类应对全球气候变化的决心。

健康消费是指以满足人的生理健康和心理健康为目的的消费。具体内容包括：（1）消费应以保证身体健康为前提，科学合理地进行饮食消费、出行消费、享受消费等；（2）摒弃"奢侈消费""异化消费""超前消费"等不健康的消费方式，这些消费模式不仅对环境资源造成浪费，还会形成与"攀比心"类似的不健康的心理状态，从而影响心理健康。

绿色消费、可持续消费、生态消费、低碳消费、循环消费、适度消费以及健康消费等都是为了实现资源节约与环境友好、人与自然和谐相处，但是侧重点不同。

绿色消费主要是通过消费者来引导生产端提供绿色、无污染的产品或服务，强调消费的无污染性和资源节约性；可持续消费则是与“可持续发展”相配套出现，有学者指出，它是人类理想消费模式的总称[8]；生态消费充分强调了人隶属于自然，人类社会的发展需与生态生产协调发展；低碳消费则是强调了削减碳排放；循环消费试图通过资源节约与循环利用来节制对环境资源开发利用；适度消费强调消费的度，要求既要满足人类的基本生存和发展，又不能超过自然的承载能力；健康消费提倡消费者在保证身心健康的前提下，并在消费能力允许的范围之内进行消费。

总的来说，在寻求人类生存与发展方面，适度消费和可持续消费既强调了人类生存和发展，又强调了自然的承载能力，其概念的内涵和外延更为丰富，更具有宏观指导性[8]。

四、大学生应如何树立生态文明消费观

大学生是我国社会未来发展的中坚力量，树立良好的消费观对促进我国经济健康发展具有良好的作用。我国当代大学生基本是在富足、美好的生活环境中成长起来的，勤俭节约的意识薄弱，因此培养生态文明消费观需要体现在生活中的各个方面。

在“衣”的方面，应在自己的能力范围之内，以追求穿暖和、穿健康、穿整洁为原则进行消费，避免过度消费、攀比消费、奢侈消费等不健康的消费行为。摒弃“快时尚”。对于不穿的、质量仍然较好的旧衣物，可捐助给贫困地区，以发挥其剩余价值。

在“食”的方面，要讲究“良食”（Good Food），亦即对人的身体、对环境都友好的食物。合理搭配食物结构以保证身体健康所需，不要因贪图口腹之欲而经常食用高糖、高脂肪、高热量的食物；多吃当季、本地食物，减少由于长途运输甚至反季消费带来的较高的碳足迹；可参考最新的《中国居民膳食指南》《良食准则》（T/CGDF 00007－2020）等标准，减少过量的肉类消费；“光盘行动”从每一顿饭做起，在餐厅、食堂就餐时，不多点，适量为宜；就餐时，不使用一次性餐具，以避免产生不必要的资源浪费和垃圾；为了保护生物多样性，为了自己的身体健康，坚决不食用野生动物。如今，我们国家在反对铺张浪费、大吃大喝方面加大了治理力度，目前取得了一定的成效，希望大学生们形成良好的饮食习惯，保证每餐吃健康、不浪费。

在“用”的方面，使用水、电及其他生活资源时，要做到节约消费。例如：洗漱用水时，随手关闭水龙头，并控制洗漱水量和时间；饮用水时尽量带自己的水杯；不用电时，随手关灯；打印时，采用双面打印；选购手机、电脑等用品时，不要追求名牌，以实用为原则，节省下来的钱不仅可以用于满足学习、读书等精神需求，而且可以有效减轻父母的负担；平时，将生活中产生的垃圾进行分类；等等。从节约每一度电、每一滴水、每一张

纸、每一粒米做起，一个人的日常节约习惯并不会产生多大的效应，但是，滴水成河，积少成多，若我们每一个大学生，以及每一个人都去践行，实现环境友好、资源节约型社会将指日可待。

在“行”的方面，随着我国经济的发展，城市小轿车的数量也日益增长，给交通和大气环境带来了不小的压力，人们选择如何出行将关系到生活环境的好坏。对于大学生而言，日常出行中，应量入为出，尽量减少不必要的出行。出行时，尽量选择步行、自行车或公共、绿色的交通方式，这样既能节省开支，还可以低碳环保。

大学生正处于花样年华，这段时光是人生中的一段宝贵经历。在大学生活里，养成勤俭节约的良好消费习惯，将有限的资源，包括金钱、时间等投资在自己的内在成长，这对大学生未来人生以及我国社会经济发展来说是一笔不小的财富。希望大学生们从我做起，从生活中的小事做起，未来美好生活的创造始于足下的每一小步!

参考文献：

[1] 于佳蕾．生态消费观的哲学解析[D]．武汉：武汉理工大学，2014.

[2] 凯恩斯．就业利息和货币通论[M]．西安：陕西人民出版社，1936.

[3] 宿晨华，赵海月．生态消费观取代传统消费模式的必要性[J]．社会科学家，2014（10）：54－57.

[4] 王敬，张忠潮．生态文明视角下的适度消费观[J]．消费经济，2011，27（2）：62－65.

[5] 中国生物多样性保护与绿色发展基金会．T/CGDF 00009－2020 生态文明建设指南[S]．2020.

[6] 张捷．转变发展方式——由工业文明迈向生态文明[J]．中国人口·资源与环境，2012，22（S2）：287－290.

[7] 廖福霖．关于生态文明及其消费观的几个问题[J]．福建师范大学学报（哲学社会科学版），2009（01）：11－16.

[8] 汪玲萍，刘庆新．绿色消费、可持续消费、生态消费及低碳消费评析[J]．东华理工大学学报（社会科学版），2012，31（3）：215－218.

[9] 叶一竹．生态文明消费观的构建——对西方消费主义的反思[J]．经济研究导刊，2013（13）：130－131.

[10]［美］莱斯特·R. 布朗．建设一个可持续发展的社会[M]．北京：科学技术文献出版社，1984.

[11] 俞海山．可持续消费定义评析[J]．浙江社会科学，2001（5）：44－48.

[12] 邱耕田．生态消费与可持续发展[J]．自然辩证法研究，1999（7）：50－53.
[13] 阎光耀．试论循环消费[D]．北京：首都师范大学，2011.

第四节　生态文明健康观

一、健康观的演变

健康，不言而喻，是人最重要的资本，是人生存和发展的前提。健康不仅事关个人权益，而且推动着整个社会经济的发展。那么到底什么样的状态才算健康，人们是如何看待健康的?

随着社会经济水平、医疗水平以及人类健康意识的不断提升，人们对健康的看法也随之变化。在生态文明时代之前，人们对健康的看法主要经历了传统健康观、现代健康观、整体健康观和同一健康观几个过程。

1. 传统健康观

最明显的例子，在物质匮乏年代，以狩猎—采集社会为例，人类的日常生活基本是寻找食物以摆脱饥饿。因此，填饱肚子、活着才是人类追求的终极目标，人类对健康基本没有概念。20 世纪 30 年代左右，人类医疗技术有了一定程度的发展，当人遇到疾病时，在生活条件允许的情况下就会去求助医生治疗，以摆脱疾病。在当时看来，摆脱疾病就是一种健康行为。因此，人们普遍持“没有疾病就等于健康”的传统健康观[1]。直至今日，一些贫困地区的人们依然认为“健康”就等于“没有疾病”。

2. 现代健康观

随着物质的繁荣，医疗水平的进一步发展，解决温饱问题已不再是人生最迫切的事情。很多人开始意识到，一个人可以不得病，但却依然不能够享受到幸福、令人满意的人生。因此，越来越多的人开始有了心理层次的需求。1948 年，世界卫生组织（WHO）把健康定义为：“健康不仅是没有疾病或虚弱，而是躯体上、心理上和社会适应上的完好状态。”即认为一个人的健康，既要躯体结构完好和功能正常，具有较强的身体活动和劳动能力，而且在精神心理上处于完好状态，能正确认识自我、正确认识环境并可以适应环境变化。相比传统健康观，现代健康观开始关注心理层次的健康以及一个人能否适应社会关系。尽管这种健康观早在 1948 年提出，但是至今也并未得到普及。

3. 整体健康观

人是社会性动物，在现代如此复杂多变的社会关系中，难免会受到自身道德意识的评判。如果一个人在道德信念与行为之间，始终不能达到一个平衡，不能够克服自己内心的矛盾，那么这个人所处的状态也并不能够称为健康的状态，因此道德健康引起了人们的注意[2]。1989 年世界卫生组织提出了整体健康观，即一个人在身体健康、生理健康、社会适应健康和道德健康四个方面皆健全，才算健康。

4. 同一健康观

同一健康（One Health），是在近年新提出的一个概念，越来越获得国际共识。2021 年 12 月，联合国粮食及农业组织（粮农组织）、世界动物卫生组织（国际兽疫局）和联合国环境规划署（环境署），以及世界卫生组织（世卫组织）对其专家咨询小组（即“同一健康”高级别专家小组）最新提出的“同一健康”操作性定义表示欢迎。该专家小组制定的“同一健康”定义为：“同一健康”是一种综合的、增进联合的方法，目的是可持续地平衡和优化人类、动物和生态系统的健康。他们认为，人类、家养和野生动物、植物以及更广的环境（包括生态系统）的健康是紧密联系和相互依赖的[3]。

综上所述，在不同社会、经济和环境背景下，人们对健康的认识在不断地被挑战和完善，那么在生态文明的新时代，人们应该持有什么样的健康观?

二、生态文明健康观

进入 21 世纪，与环境污染相关的疾病死亡率或患病率出现了上升趋势，特别是重金属污染、不可降解有机物污染问题，英国伦敦烟雾事件、美国洛杉矶光化学烟雾事件、日本水俣病事件等的出现，加深了人们对环境与健康之间关系的认识。

良好的环境也会对人的身心健康具有促进作用。例如，世界各地百岁老人分布密集的区域大多数为乡村，即俗称“长寿村”，这些地方共同的特征是山清水秀，空气清新，水质优良，土壤肥沃，这些村的村民也大多性情温良，家庭和睦[4]。再比如，疗养院，大都会建在空气新鲜、环境优美的地方。人的生命活动与环境中的大气、水、土壤等环境自然要素息息相关，以上提到的由环境问题带来的身体健康问题可以很好地证明这一点。

系统论告诉我们，任何系统都是一个有机整体，系统中的各个要素都处于相互作用的关系，人也不例外，人的身体、心理以及环境之间也是相互作用、相互影响的关系。环境与健康问题也就顺势成了生态文明建设中重要的议题[5]。

生态文明建设，狭义地讲，就是要处理好人与自然之间的关系。周恩来总理早就指出：“把环境搞好了，人民身体健康了，就是保护了最大的生产力，是最大的财富。”因此，在生态文明新时代，人需要从健康的角度来重新审视人与自然的关系，认识自然对人类健康的价值，以实现人与自然的可持续发展。有学者指出，生态文明时代，生态或环境健康是人类健康的新标准，秉持生态文明新型健康观，即身体健康、心理健康、社会健康、道德健康和生态健康或环境健康的辩证统一，是实现与环境良性循环的有力保障[5]；还有人认为，人除了身体健康外，还要情绪健康、社会健康、心灵健康、环境健康、智力健康，以获得整体健康[6]。

综上所述，尽管自1948年提出健康的定义以来，世界卫生组织尚未对其概念进行修订，但是身体健康、心理健康、社会适应健康、道德健康、环境健康已经成为当代人们应当遵循的准则。

身体健康是指躯体的结构完好和功能正常[1]。其内容包括两个方面：一是主要器官系统无疾病且生理功能良好，体态发育正常，体形匀称，有较强的活动和劳动能力；二是具有较强的抵抗疾病能力，能够适应环境变化、生理刺激等对身体的作用等。身体健康是人类享受生活的基础和保障。1992年，世界卫生组织发表了《维多利亚宣言》，提出了健康的四大基石，即平衡饮食、适量运动、戒烟限酒和心理平衡。

【延伸阅读】1992年5月24—29日在加拿大维多利亚举行的第一届国际心脏健康会议的闭幕会议上，世界卫生组织发布了《维多利亚宣言》。全文共491个字，由声明以及执行摘要组成。宣言由国际心脏健康会议咨询委员会编写，同时也有国际心脏健康会议科学和计划委员会的协助。1992年WHO发表的《维多利亚宣言》指出：健康是金，如果一个人失去了健康，那么，他原来所拥有的和正在创造即将拥有的统统为零！

心理健康又称为精神健康，指人的心理处于完好状态。世界卫生组织认为，这种良好状态是指一个人能够认识自己的能力，能够应对正常的生活压力，能够有成效地从事工作，并能够对其社区作出贡献。心理健康不仅仅是没有心理障碍，还包括主观幸福感、自我效能感、自主性、胜任性、代际间的信赖、对个人实现智力和情感潜能的识别能力。心理健康与身体健康均是健康的重要基础，且互相影响[7]，只有心理、精神状态完好，人才能充分发挥潜能，感受生活的美好。

根据世界卫生组织的界定，道德健康是“不以损害他人的利益来满足自己的需要，具有辨别真与伪、善与恶、美与丑、荣与辱的是非观念，能按照社会的行为规范与准则来约束和支配自己的思想与行为，能为他人的幸福做贡献”[8]。其内涵主要包括：（1）具有清晰的价值观，能准确把握哪些能做，哪些不能做；（2）不损害他人的利益，并能为他人的便利和幸福作出贡献；（3）能根据社会认为的规范和准则约束自己的言语和行为；（4）有辨别真伪、善恶、荣辱、美丑等是非观念[8,9]。道德健康的本质是个体与他人和社会的自觉融合，正直、诚信、善良、宽容、大度、乐于助人等都是人与社会融合的过程中形成的优良道德品质[8]。

社会适应健康是指一个人能够通过自我控制和调节与环境达成和维持平衡的关系，主要包括三个方面[1,10]：（1）对社会角色的适应良好，包括职业角色、家庭角色及学习、娱乐中的角色与人际关系等方面的适应；（2）对社会环境的适应良好，包括对不同生活条件和方式的适应；（3）对社会活动的适应良好，能够掌握生活活动的规则和规范，个人能力能在学习、交际、工作、休闲等活动中得到发挥。

生态健康或环境健康，是指人类的衣、食、住、行、玩、劳作环境及其赖以生存的生命支持系统的代谢过程和服务功能完好程度的系统指标，是衡量物体品质和环境品质本身及相互之间影响的状态[11]。方世南指出[12]，生态健康有广义和狭义两方面的内涵。广义的生态健康是指利用“大健康”、系统健康理念将人类社会与自然及人文环境紧密结合，予以综合考量，使人类赖以生存和发展的自然生态环境与人类社会环境处于协调和谐的平衡状态，人类工作和生活物理环境处于宜业宜居宜游的美好状态，城乡能够共享优质生态产品和生态服务以及人们的精神文化和生理心理有利于自由而全面发展，等等；狭义的生态健康是指人类赖以生存和发展的自然生态环境与不断提升的生产、生活环境能够保持相互促进、相互协调的良好关系。生态健康是生态文明之本，且由社会、经济、自然环境、政治、文化、生物、物理、群落等元素组成，只有这些元素处于相对平衡的状态下，生态健康才能实现[13]。

影响人类健康的因素有很多。20 世纪 90 年代初，世界卫生组织的一个研究报告指出，在各种影响健康的因素中，生物性因素占 15%，社会性因素占 10%，环境性因素占 7%，人的行为和生活方式占到 60%，医疗服务占了 8%，其中以人的行为和生活方式影响最大。对此有学者认为，在健康概念中，应当将“行为健康”包含进去[1]；也有人认为，健康并不是一种状态，而是表现在生理、心理和适应的能力[14]。由此可见，关于健康的定义，也一直处于讨论和争议阶段，但总的来说，人类对健康的认识在不断地走向完善。

三、中国人的健康观

在我国较早出版的辞书中，将“健康”解释为“生理机能正常，没有缺陷和疾病”，这是典型的传统健康观，而目前我国大多数人对健康的认识仅限于此[2]。

但值得庆幸的是，随着我国经济的发展，人们的生活水平也在不断地提高。近年来，绿色农业、文化体育、养生等行业的兴起，医保制度的完善，说明越来越多的人开始注重健康，崇尚健康，追求健康的生活方式，不断地摒弃传统健康观念。2015 年 10 月，十八届五中全会审议并通过了《中共中央关于制定国民经济和社会发展第十三个五年规划的建议》。“健康中国”和“美丽中国”被写入“十三五”规划，将生态环境与健康的统一上升到了国家战略层面。2016 年，在全国卫生与健康大会上，习近平总书记提出“树立大卫生、大健康的观念，把以治病为中心转变为以人民健康为中心”。此次大会，让我国对健康问题的认识有了突破性的进展。同年，中共中央、国务院印发的《“健康中国 2030”规划纲要》中提出，要将健康融入所有政策，并普及健康生活，建设健康环境，发展健康产业，加强影响健康的环境问题治理等。2017 年，党的十九大报告中明确了“两个一百年”阶段目标中对生态文明的要求，计划到 2035 年，生态环境根本好转，美丽中国目标基本实现。相信在国人的努力下，美丽中国和健康中国不是梦。

四、生态文明时代，大学生应如何保持健康

生态文明追求的是人—自然—社会环境的协调发展，大学生在关注自身健康的同时，也要从自身做起，关注周边的生态环境健康。大学生正处于花样年纪，是国家未来的希望和主人，未来还有很多美好等待着我们去体验，而健康的体魄是大学生学习、工作、社交等社会活动的基础，然而，据调查，高校不少大学生中出现的健康方面问题令人担忧：体能下降，因学业、未来职业问题而焦虑，抗压能力较低，等等[15]。前面讲过，在生态文明时代，健康应包含身体健康、心理健康、社会适应健康、道德健康和生态健康，而身体、心理、社会适应等健康状态是相互关联、相互作用的关系。因此，大学生应时刻关注自身各方面的健康状态，若发现问题，应及时通过调整生活方式、借助医疗等方法来改善。

1. 养成健康的生活方式

身体健康是资本，保持健康需从饮食、作息等方面进行调整。全面的营养是生命与健康延续的前提。生活方式对身体健康的影响最大，因此大学生应该养成良好的生活习惯：（1）保证健康饮食。切勿暴饮暴食，并远离对身体有害的烟、酒等。（2）坚持体育锻炼。运动是治愈身体和心理问题的“良药”，大学生应该每天留出一定的时间来运动，以增强体质。（3）业余时间适当地娱乐。繁重的学业会让身体产生疲劳，通过适当娱乐可以带来精神上的享受，让生命充满活力。（4）定期检查身体。身处在复杂的环境中，难免会遭受病菌的侵袭，因此要经常检查身体，及时发现和排查疾病，让身体处于健康状态。

2. 保持心理平衡，增加精神上的享受

心理健康是健康的重要内容之一，学会调节自己的心理状态，并从生活小事中领略情趣将是大学生未来生活中的一大财富。由此，建议大学生：（1）培养一个兴趣爱好。繁重的课业总会让人身心俱疲，而兴趣爱好可以让自己身心有一个休息、充电的地方，除此之外还能广泛交友。（2）力所能及地去帮助别人。助人为乐是我国的传统美德，研究发现，帮助别人会让人的内心产生一种愉悦感，经常帮助别人就会让自己长期处于良好心境中。

(3) 适当参加业余活动。参加业余活动可以丰富大学生的生活，活动中可以拓展自己的社交圈，丰富和激活内心世界；保持和谐的社交关系，和谐的社交关系有助于自己融入集体、提升自己对社会的适应能力，所以大学生在社交中应以和谐为原则，以减少因社交而带来的困扰。(4) 多读书。读书可以明志，可以增加知识和开阔自己视野，对这个世界有更清楚的认识，并能丰富自己的内心，治愈自己的不开心，所以大学生在课余时间，应广泛涉猎，多读书，读好书。(5) 认识自己，接纳自己。每个学生的背景不同，且都是独一无二的，不要囿于自己的不足，应该充分地发挥优势所在，让自己变得更有价值。(6) 寻找排除不良情绪的方法。不良情绪间接地会影响身体健康，我们平时应总结经验，寻找自己排解不良情绪最快的方法，以便下次遇到类似的情况，能尽快从不良情绪中走出来。(7) 求助心理老师或医生。当遇到不能通过自身解决的心理问题时，要及时求助心理老师或者医生，通过专业的方法降低心理障碍所带来的负面影响。

3. 做一个道德良好的人

良好的道德修养是大学生安身立命之本，不仅仅是大学生，一个人要想融入社会，修身养性、完善自我是一生都应该做的事情。大学生所处的生活环境也面临着人际关系、利益冲突等社会关系中常见的问题，在未步入社会之前，努力提高自己的道德修养，不断地提升自我是大学生必须做的事情。学习生活中，大学生应当：(1) 培养自己站在别人的角度考虑问题的能力。比如，在追求自我利益时，要考虑到他人的利益，至少不能损害他人利益。(2) 规范自己的行为。生活中不损害公共财物，不浪费水、电等资源，注重公共卫生。(3) 注重自我内在约束。利用“我应当（I ought to）”代替“你应当（You ought to）”，以表达自己向善、向好的内心；约束自己的言行，注重自己的言行是拥有健康社交关系的重要前提，不做伤害他人的言行，让别人心里感到舒适。(4) 为他人的幸福做贡献。在自己力所能及的范围内乐于助人；利用自己专业能力或者特长，为别人解决问题，成为一个有价值的人。(5) 拥有一个可以实现的梦想。将自己的梦同社会梦、国家梦结合起来，努力进取，实现自己的理想。(6) 具有乐观的心态。不惧怕失败，敢于失败，并能从失败中汲取营养，让自己变得越来越好。

4. 提高社会适应能力

大学生正处于向社会人角色转换的阶段，应该有意识地培养自己的社会环境适应能力、生活适应能力、人际关系适应能力等。第一，生活方面，在没有父母帮助的情况下，大学生应该提升自己的生活技能，能够从饮食、穿戴等生活基本方面管理自己。第二，人际沟通方面，抓住与师长、同学等沟通的机会，不断地向身边优秀的人学习、不断地尝试，以提升自己的理解与表达的能力。第三，社会技能方面，通过参加项目或活动来提升自己与他人合作、沟通的技能；不断地提升自己的专业技能和所长，以便未来在社会需求中找到适合自己的位置。第四，学习方面，与优秀的人交流，不断修正自己的学习方法。第五，心态方面，培养积极向上的心态，用成长的眼光看待眼前的困难，同时，遇到不能解决的困难，不要过度为难自己，及时地向身边的人求助。

5. 亲近自然

接触自然对人类十分有益，包括提升认知能力和精神康复。以抑郁症来说，它看似遥远，但其实离我们很近，真真切切发生在我们身边，有一些较为常见的表现，如心境持续低落、思维迟缓、行为缓慢懒散、记忆力下降、睡眠障碍等。2017 年“世界健康日”的主题是关注抑郁症，时任联合国《生物多样性公约》执行秘书长克莉丝汀安娜·帕斯卡·帕尔默（Cristiana Pasca Palmer）博士曾经向全球呼吁，号召人们走出去，亲近大自然和生物多样性，能有效帮助治疗抑郁症[16]。《生物多样性公约》秘书处的官宣指出：尽管精神健康的影响因素十分广泛，包括生物、社会经济以及环境等方面，亲近自然与生物多样性，仍然是治疗抑郁症的良方。

另外，要预防青少年近视，推动生态文明教育，一个简单易行、新潮的方式是：观鸟。观鸟是指在自然环境中，利用望远镜等观测记录设备，在不影响野生鸟类正常生活的前提下对鸟类进行观察的一种具有科学性、探索性的户外活动[17]。观鸟有助于增强体质，并且可早期发现视力不良的问题；有助于贯彻生态文明教育，通过观鸟，认识“山水林田湖草是一个生命共同体”；有助于开阔心胸，陶冶情操，培养品德和同情心；同样的，也有助于降低青少年抑郁症发病率。此外，发展观鸟产业也有助于推动地方的可持续消费。总之，观鸟是一种健康时尚的休闲运动，有益于青年人的健康和幸福。放下手机，远离电脑，去郊外走一走，亲近自然，享受半日宁静。而且，这种在自然中徜徉的习惯为追求精神层面的幸福奠定了良好的行为基础。

6. 爱护生态环境

“生态环境没有替代品，用之不觉，失之难存。”大学生未来的生存发展离不开良好的、健康的生态系统，因此应该坚持“保护优先、预防为主”的生态环境保护重要原则，尽快树立起尊重自然、顺应自然、保护自然的生态文明理念，要让人类赖以生存的空气、水、土壤和食物保持清洁和安全，同时建设舒适、安静和优美的自然环境，以满足人们更高层次的需求。因此，大学生应该：（1）减少污染的产生。比如，少用含磷洗涤剂。（2）节约资源能源，拒绝奢华和浪费。例如，及时关闭电器电源、节约纸张、多走楼梯少乘坐电梯、按需点餐等，节约资源应深入到生活中的每一个细节中。（3）践行绿色消费。比如，出行时，优先选择步行、骑行或乘坐公共交通工具出行等低碳出行的方式；少用塑料购物袋；尽量购买耐用品；等等。（4）做好垃圾分类，为建立有序的卫生环境、促进资源节约与循环利用贡献自己的力量。（5）保护野生动植物。生物多样性是人类发展的重要基础和保障，保护生物多样性应体现在生活的一举一动中。2021 年，中国生物多样性保护与绿色发展基金会提出“邻里生物多样性保护（Biodiversity Conservation in Our Neighborhood，BCON）”的概念[15]。该概念认为，在我们生活的范围内，在不能够完全保护自然的前提下，尽量减少对自然的侵扰，减少对野生动物的干扰，来帮助野生动物进行生存和发展。对于大学生而言，日常生活中要热爱自然，不破坏野生动植物的栖息地，爱惜自然界的一草一木，不伤害野生动物、不使用野生动物制品，为保护生物多样性贡献自己的力量。（6）学习生态环境相关的知识法规，积极加入到保护生生态环境的队伍中来，从我做起，从身边的小事做起。

参考文献：

[1] 宁蔚夏．医学模式与健康观的变迁[J]．生命世界，2012（03）：36－39.

[2] 唐钧，李军．健康社会学视角下的整体健康观和健康管理[J]．中国社会科学，2019（08）：130－148.

[3] 世界卫生组织．三方和联合国环境规划署支持高级别专家小组对“同一健康”的定义[S]．2021－12－01.

[4] 黄娟，董扣艳．生态文明视角下环境与健康关系思考[J]．创新，2014，8（02）：21－26.

[5] 赵平花．树立整体健康观，推进社会主义和谐社会建设[J]．山西高等学校社会科学学报，2007（11）：120－124.

[6] WHO. Mental Health Gap Action Program：Scaling up Care for Mental，Neurological，and Substance Use Disorders [EB/OL]．http：//www. who. int/mental_ health/mhgap_ final_ english. pdf.

[7] 潘莉．道德健康对心理健康的促进和发展[J]．当代青年研究，2010（02）：34－39.

[8] 李小龙，方会玲．从“道德健康”谈儿童的道德发展[J]．中国医学伦理学，2002（02）：32－33.

[9] 诸葛毅．应关注大学生的道德健康[J]．医学与社会，2005，18（5）：29－31.

[10] 蒋正华，李蒙．生态健康与科学发展观[M]．北京：气象出版社，2008.

[11] 方世南．全面建成小康社会视野下生态健康与人民健康同构关系研究[J]．马克思主义与现实，2020（04）：17－24.

[12] 谢永明，李文军，刘援．再论可持续发展、生态健康与生态文明[J]．环境与可持续发展，2015，40（06）：146－148.

[13] 牛素蓉，王娟娟，卢伟．再谈健康定义的演变及认识[J]．中国卫生资源，2018，21（02）：180－184.

[14] 李凤英，邢金明．生态文明视野下高校体育对大学生健康的促进[J]．武汉体育学院学报，2014，48（01）：83－86.

[15] 高一雷．以城市绿地“荒野式”管理推动邻里生物多样性保护[J]．生物多样性保护与绿色发展，2021，1（1）.

[16] 马婧婧．中国乡村长寿现象与人居环境研究[D]．武汉：华中师范大学，2012.

[17] 王豁，周晋峰．观鸟是最好的眼保健操　建议纳入基础教育体系[J]．中国生态文明，2019（02）：82－83.

本章知识拓展与讨论思考

知识拓展：

1. 污染治理三公理

2. 生态修复四原则

3. 自然才是野生动物的最终归宿

互动问答：要树立什么样的生态文明科学观？

4. 从人类血栓中首次发现微塑料和染料颗粒谈起：新文明需要开启新时尚

互动问答：当代大学生应该树立怎样的生态文明文化观？

5. 月饼过度包装阻碍中国实现2060碳中和目标

6. 周晋峰谈旧物回收两原则、四层次

互动问答：我国在生态文明消费方面存在哪些问题？

7. 行动起来，构建人类卫生健康共同体

互动问答：生态文明时代，大学生应如何保持健康？

讨论思考：

1. 如何树立正确的生态文明观？
2. 在生态文明视角下如何思考环境与健康的关系？
3. 现代大学生在绿色消费认知与行动方面应该树立什么样的消费观？
4. 生态文明时代，大学生应如何保持健康的心态？

第七章 生态文明建设实践及案例

第一节 中国生态文明建设实践与案例

新中国成立以来，生态文明中国之路的实践探索已历经风雨 70 余载。中国共产党作为我国生态环境保护事业和生态文明建设的领导力量，勇于探索经济社会发展和生态文明建设的内在规律，不断推动经济社会发展与生态环境保护的协同共进。这一伟大探索进程主要经历了以下几个阶段：

一是发展起步与生态环保事业的开创探索阶段。1949—1977 年，我国基本实现了 20 世纪五六十年代制定的国家工业化的初期目标，建立起了比较完整的工业体系和国民经济体系，经济总量翻了两番多。这一时期，我国在一穷二白和外有封锁的发展约束下，选择了以重工业优先发展和自力更生为主要目标的发展战略，以劳动力和资源要素的高投入、高消耗所形成的经济增长，推动了国民经济的发展。然而，大规模经济建设导致环境问题突出，工业“三废”带来了不小的生态环境代价。面对贫穷落后亟须发展与生态环境恶化的现实，尤其是看到西方国家因工业化过程中日渐突出的环境公害而在世界范围内兴起的环境保护运动，我国在恢复联合国席位之后，第一次派团参加了 1972 年联合国人类环境会议，代表发展中国家发声，并为联合国《人类环境宣言》贡献了中国智慧，中国自此在全球生态环境建设中一直都是重要的参与者和贡献者。1973 年召开了新中国第一次全国环境保护会议，次年成立了环境保护的政府管理机构，环境保护政策开始成为我国现代化发展中公共政策体系的一个重要内容，由此拉开了中国生态环境保护事业的序幕。

二是发展转型与生态环境保护法治化制度化体系逐步建立阶段。改革开放极大地解放和发展了生产力，推动了中国特色社会主义事业取得举世瞩目的成就。改革开放以来，我国工业化、城镇化进程突飞猛进，逐步成长为世界第二大经济体、制造业第一大国和货物贸易出口第一大国，综合国力、社会生产力水平和人民生活水平显著提高。与此同时，资源消耗过大、环境污染及全球气候变化等问题相互叠加，要进一步认识到生态环境保护工作的重要性和迫切性，环境保护与经济发展相统一的认识逐步促成了“预防为主、防治结合”“谁污染、谁治理”“强化环境管理”为主的政策体系，环境保护法、森林法、土地管理法、水法、大气污染防治法、城市规划法等专项立法工作与综合性法律的统筹修订进一步加快。随着社会主义市场经济体制的基本建立，基于市场机制的资源环境政策工具逐步丰富，但生态环境保护的制度化建设与转变经济发展方式的过程中，仍存在一些体制性问题和结构性问题，亟须推动经济发展方式由资源要素驱动向创新驱动的根本性转变，实现生产生活方式的绿色转型和生态环保体制的变革。

三是推进绿色发展与深化生态治理体系和治理能力现代化阶段。党的十八大以来，我国经济从高速增长阶段转向高质量发展阶段，经济增长更加依赖于全要素生产率的提高，而非单纯依赖生产要素投入量的增加，促进以绿色低碳循环为特征的经济结构转型迫在眉睫。然而，经济发展方式的转变既不可能一蹴而就，也不可能依赖工业化、城镇化、农业现代化进程自发实现，必须通过发展理念、发展方式、发展目标、发展手段等方面的系统调整，实现对传统发展方式和生态环境治理方式的根本性超越，推进实现生态环境治理体系和治理能力现代化。党的十八大以来，中央在健全自然资源资产产权制度、建立国土空间开发保护制度、建立空间规划体系、完善资源总量管理和全面节约制度、健全资源有偿使用和生态补偿制度等基础制度层面深入推进，在大气、水、土壤、海洋、减灾防灾、防沙治沙等重点领域推进一系列生态环境治理的重大措施，在“三去一降一补”过程中严格执行环保、能耗和质量等相关法律法规和标准，使得我国生态文明建设取得质的突破，为全球生态环境治理作出了中国贡献，展现了引领全球绿色发展和生态文明建设的大国担当。

实现中国生态文明时代的生物多样性保护，需要重视生态系统多样性保护，从而制定更具全局性与前瞻性的生物多样性保护策略。

一、生态观之中国化社会实践——以浙江省舟山市为例

生态民生是基于人们的生存权和发展权两方面有机统一的概念。生态民生理念内涵在于将生态文明建设不仅仅看作是环境保护，更应该是一项具有基础性的重要民生问题。“民生的最根本要求是生存权和发展权，所以生态的本质就是民生问题。生态民生的核心问题是如何处理环境保护、经济发展和民生改善的关系问题。”[1]

舟山市是浙江省辖地级市，是我国两个以群岛建立的地级市之一，由 2085 个岛屿组成，具有鲜明的海洋海岛生态环境特色。在推进生态文明进程当中，舟山市坚持以马克思主义生态观为理论基础，以中国特色生态文明理论体系为指导，将生态建设作为一项重要的民生工作来抓，生态与民生并重，统筹生态、民生与经济发展，为实现马克思主义生态观中国化提供了可以参考的实践案例。

在地区经济发展不断加快的同时，舟山市注重海洋生态环境保护与民生改善。保住碧水蓝天，带来金山银山，生态环境优势逐步转化为产业升级、结构调整的经济发展优势，生态文明理念深刻融入舟山总体发展战略。污染环境、浪费资源的项目被拒之门外，为新兴产业腾出更大的发展空间，海洋新能源、海洋医药等一批新兴产业迅速发展，海洋经济发展迅猛。生态优势还转化为第三产业发展优势，生态旅游、服务业等第三产业得到长足

发展，解决了大量社会就业问题，促进了居民的收入增长。通过发展生态经济、循环经济，充分统筹经济、生态和民生的共同发展。“统筹转型升级与改善民生工作，在发展经济的基础上，更加注重解决民生问题，真正做到发展为了人民、发展依靠人民、发展成果由人民共享。”[2]在建设生态文明过程中，舟山不断将生态保护、生态经济与民生发展结合起来，探索了许多生态民生实践方式。

1. 变生态环境为经济发展优势，发展特色产业，促进环境和经济共同发展

舟山市普陀区展茅街道沙井村把良好的生态环境看作可持续发展的不竭源泉，依托特有的生态资源优势，因势利导，积极投身发展特色产业，通过种植经济作物及瓜果蔬菜，修建游艺乐园，大力发展休闲观光农业，建成了若干个农家乐休闲旅游活动场所。通过无公害种植，不断提升农产品质量，积极推广绿色农产品和有机农产品，打响了展茅“青饼”“土菜”等旅游项目品牌，吸引海岛内外游客来此旅游观光，使沙井村成为游客休闲旅游的胜地，为农民创业增收创造条件。这不仅为村民创业增收创造了有利条件，同时，随着生态旅游业的兴起，村内环境建设力度进一步加大，使村民居住环境更加优美和谐，实现了环境优化、产业发展和农民增收三者互动促进[3]。

2. 以生态环保项目带动居民民生改善

为加快农村产业结构调整，促进农业增效、农民增收，舟山市全面开展了沼气、沼渣、沼液的“三沼”综合利用种养结合模式试验示范项目，定海、普陀两地三个种植养殖基地被列入该项目的实施单位，实施规模达280余亩。“三沼”循环经济项目，有效地推进了舟山市农村种植业和养殖业的有机结合，提高了农产品质量和市场竞争力，增加了农村综合生产效益，同时也有力地改善了渔农村生态环境，提升了农民生活质量以及收入水平。

3. 发展特色生态经济，促进渔农民增收，改善人居环境

舟山市嵊泗县菜园镇高场湾村坚持以发展生态经济为目标，结合南长涂沙滩开发项目，大力发展“渔家乐”“渔俗乐”等为特色的生态旅游业，展现出良好的发展势头。舟山市定海区干览镇“南洞艺谷”，打造具有海岛特色的一站式休闲胜地，重点发展农家休闲经济，取得了良好的经济社会效益。

4. 挖掘生态文化内涵，打造生态建设特色典型

舟山市岱山县东沙司基社区重点实施了“绿色银杏村”工程，在公路沿线、主河道沿岸、水库大坝边、群众居住区分别种植成片银杏林，形成银杏绿廊，大幅提高村庄绿化水平。

5. 构建政府与社会公众共同参与生态建设的新模式

将舟山市定海区双桥镇打造为市一级重点乡村旅游点，以茶人谷旅游区为载体，帮助

当地居民通过生态旅游、生态农业创业致富。舟山市岱山县创新节水用水机制，通过实行多重水价收取及返回机制，使当地居民有了节水积极性，并通过改制后的节水收益，进行生态治理和绿色工程，实现了政府、企业及居民生态建设的良性互动。

在生态建设过程中，舟山市从保障人民的生存权利和提高人民生活水平两方面入手，把生态保护作为一项根本的民生工作来抓，切实将地方实际与马克思主义生态观相结合，取得了很好的建设效果，为马克思主义生态观中国化和生态民生建设提供了现实经验。

图 7－1　普陀区、常山县低碳示范县代表获颁荣誉证书（图源：中国绿发会）

二、论“植树造林”对“生态文明”的实践指导

植树造林、保护林木，对于当前我国的生态环境仍有很强的重要性，但也存在一定的历史局限性，从《宪法》表述来看，将其修改为“国家组织和鼓励保护生物多样性”，可以更好地传达我国生态文明的建设思想。分析如下：

以洞庭湖欧美黑杨为例。2017 年 12 月 31 日，是中央环保督察要求湖南全部清理洞庭湖湿地 9 万多亩欧美黑杨的“大限”。这种黑杨曾是制浆造纸原料中的优质材种，经济效益巨大，在几十年前，成为地方政府大力扶持的项目，并采取“政府出资奖励”“典型引路”等方式大力推广，种树不力的干部还会因此被问责[4]。

这一大规模的植树运动，使得成片成片种植的黑杨林给洞庭湖保护区带来一场生态浩劫：它们像巨大的“湿地抽水机”，让洲滩湿地加速旱化；它们的密集树冠霸占了光照养分，让周边植物陷入灭顶之灾；它们还破坏鱼类繁育场和鸟类栖息地，洪水季节还阻碍行洪，影响防汛。与此相类似的，还有广西、云南等地大范围种植桉树，这种大面积栽种单一速生树种的做法，也给生态带来了严重的挑战。

我国《宪法》支持植树造林，保护树木，但需要用科学、长远、综合的眼光来看待这一问题。2018 年，北京不老屯以保护水源地的名义，将湿地周边原生灌木草丛等大量清理，为统一规划种植水源涵养林腾空间，引起业界广泛争议。这种为种树而破坏原生生态环境的做法，可谓本末倒置，片面地理解了《宪法》中的“植树”概念，也是对生态文明建设的错误理解。

以中国绿发会 2019 年 1 月 19 日顺利结束的三江源生态考察为例。1 月 15 日，中国绿发会与中国科学院空天信息研究所联合组队前往三江源腹地卓乃湖无人区进行生态考察。通过实地勘察，科考队最终确认卓乃湖退水区沙尘暴远比想象严重。经实测，卓乃湖流域平均海拔近 5000 米，如何在高海拔、冬季酷寒、沙尘暴频发的地区有效恢复生态呢？简单的“植树造林”显然是不可取的，这需要综合考虑气候、地理以及当地的生态特点等因素，科学地制定生态保护措施。

图 7－2　科考队员考察卓乃湖无人区（图源：中国绿发会）

“植”为动词，是人类对自然生态环境所采取的一项活动，其目的是通过种树，或改善生态环境状况，或在改变生态环境状况的同时为当地带来经济利益。这一人为的活动不可避免地要与自然环境发生直接关系。而“植”的局限性，则容易导致人们不能及时适应新时代生态环境保护的理念与需求，过多地折腾大自然，形成“以人为本”而非尊重自然的错误行为，甚至给自然环境带来巨大危害。

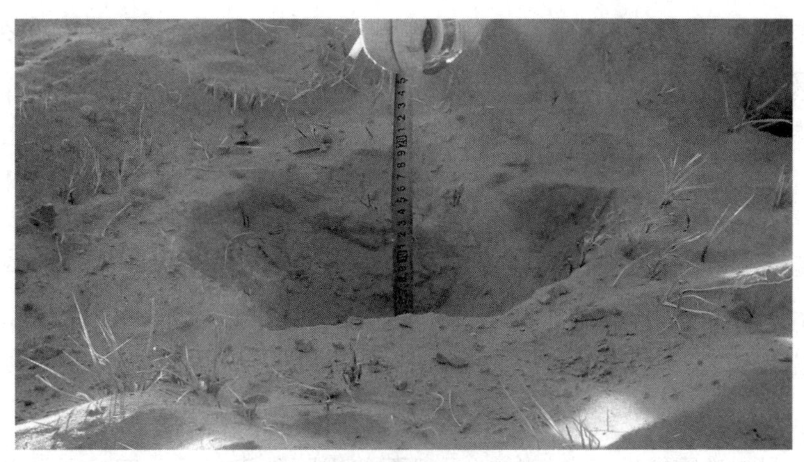

图7-3 科考队员测量风沙堆积高度（图源：中国绿发会）

从“植”的对象来看，“树”属于“生物多样性”三个层次（基因、物种、生态）中“物种”这一范畴，远不能体现出山水林田湖草是“生命共同体”的理念。各个地方不同的生态条件有其自然的要求和属性，应该强调的是从尊重自然、顺应自然的角度出发，根据需要采取人为干预或自然恢复的方法，让适应当地生态环境需要的或湖或草或树等得到合理的生长，还自然以宁静、和谐、美丽。

图7-4 卓乃湖沙化现场（图源：中国绿发会）

从涵盖范围来讲，生物多样性包括生态系统多样性、物种多样性、基因多样性，倡导

"植树"聚焦于物种层次，而且往往是指物种层面上的高大乔木类。"生物多样性"概念的范围，不仅包括了"植树"的良好初衷，更体现了人与自然和谐共生的核心愿景，体现了习近平生态文明思想的精髓，亦是构建美丽中国建设体系的重要标准[4]。

三、从"百美饿"等垃圾案例看新时代生态文明建设

在上海施行强制性生活垃圾分类频上热搜且执行满一个月的时候，当地绿化局公布的一组数据显示，这一个月来，该市湿垃圾日均清运量比上月增加了15%，比2016年底增加了82%，说明大家把湿垃圾分出来了。此外，可回收物增加了10%，干垃圾则下降了11.7%。

2017年8月由中国绿发会支持的关于"百美饿"外卖垃圾一案。因反对外卖平台随意销售一次性餐具并造成严重环境危害，重庆绿联会将百度、美团、饿了么三家大型外卖机构作为被告，起诉至北京市第四中级人民法院，请求判令被告改变浪费资源、危害生态环境的经营模式，并判令被告对其已造成的生态环境损害进行修复或承担修复费用（简称"百美饿"案）。法院立案受理。

这一案件，引起了社会各界的广泛关注，也将外卖垃圾对环境的污染更加醒目地凸显在公众面前。

图7-5　被丢弃在路边草地里的外卖垃圾（图源：中国绿发会）

无论是企业法人还是自然人，生活于地球，作用于自然，对自然生态环境的影响都是必然存在的。有限的生存空间与自然资源，面对无限的发展与需求，人与自然之间的作用

与反作用，必然联系到可持续发展与生存。中国绿发会副理事长兼秘书长周晋峰曾在与媒体和相关企业负责人交流时强调：可持续发展落到小处，从饮食上看，过度追求精致、艺术化、色香味，必然会衍生过度消耗资源或造成环境污染的问题。包装的精致化会产生大量塑料包装等难以降解的垃圾，也会使得大量食物因为不够精致而遭丢弃。添加剂和加工的过度，则意味着需要向自然索取和排放更多。他将这些归纳为“似是而非”的非必需需求。

然而，现实生活中，与消费主义盛行相伴而生的，是大量非必需的消费需求。无论是中国绿发会针对外卖平台大量一次性餐具浪费而发起的“筷走筷走”倡议，还是成功推动了多家外卖 App 下单过程中增加了“我不要一次性餐具”的选项，以及在 2018 年的“3·15”消费者权益日公开呼吁从法律角度来给消费者“绿色消费”赋权，还有建议国合会的年会、国家会议中心不要再默认发放瓶装矿泉水……这些努力，虽取得了一些成效，但还远远不够。企业自发的通过市场的机制，来创新地倡导环保，无疑是非常值得赞赏的。

图 7-6 一顿外卖午餐所产生的塑料包装垃圾（图源：中国绿发会）

工业文明时代高耗能、高污染、高消（浪）费的一些产业发展模式，已经给人类带来了变化与不安。习近平总书记曾这样评述工业文明：“工业化进程创造了前所未有的物质财富，也产生了难以弥补的生态创伤。杀鸡取卵、竭泽而渔的发展方式走到了尽头，顺应自然、保护生态的绿色发展昭示着未来。”当全球气候变暖、生物多样性快速丧失、塑料垃圾污染的全球性蔓延、自然资源日趋衰竭、生态系统失去平衡……已经成为工业文明带给人类的危机时，建设好生态文明，就需要应对好这一系列的严峻考验。

新的时代需要新的文明。作为继工业文明之后的新的文明形态，生态文明思想是对人与自然关系的进一步思考与认知，是对马克思主义哲学的根本贡献。2018 年，中国将“生态文明”写入国家根本大法，上升至《宪法》层面，体现了党和国家对生态环境问题的高度重视，也反映了新时代背景下对社会经济发展路径转变、优化升级的深刻理解。如何有效利用有限资源，推动低碳、生态、可持续的生态文明建设，也是每个有责任担当的地球公民应当深入思考的问题。

“建设生态文明，进行生态文明发展规划，并不是如空中楼阁、海市蜃楼那般，给人以不切实际、虚无缥缈之感；反之，它们融汇于人们日常生活的方方面面。一座建筑物、一个塑料瓶、一个包装袋，任何一个物品，只要使用两次，就对环境减少了一半的伤害。这就是生态文明。”落实到每个人，生态文明如何务实，至少可以从不要、不主动提供一份外卖餐具、自带水杯开始。

四、坚持绿水青山第一位，国家森林康养项目需缓行

2020 年 3 月，一份关于国家森林康养基地建设的公示名单，引起了广泛关注。2019 年 7 月，国家林业和草原局等四部委发布关于开展国家森林康养基地建设工作通知，在此基础上形成了首批入选名单。此番进行公示的就是这一批。

森林康养并不是一个新概念，何以这次我国四部委联合发布的名单引起争议和担忧？原因主要有两个方面：一方面是这种类乎“体制内”的申报和推荐程序尚不完善、漏洞多；另一方面则是这一产业在国内起步晚却被迅速推上快车道，隐患多、风险大。

最早的森林康养的实践案例，可以追溯到 19 世纪 40 年代的德国，在一个名叫巴登·威利斯赫恩的小镇创建的森林浴基地，被认为是森林康养基地的雏形。后来森林康养在国际社会迅速发展，其理念也在国内社会被认可。

2022 年 3 月，中国绿发会政研室关注到财新网一篇名为《财新周刊丨雅安森林康养项目合规争议》的报道，其中写道“2004 年，《雅安日报》的一篇报道《晏场发现千亩原生态湿地》称：海子山大海子是雅安第一大湿地，集河沟、山地湖泊和沼泽湿地景观于一身，面积有上千亩之多，其中常年有水的海底面积大约 300 多亩，周围的草地、漫滩有好几百亩。报道称，大海子是一个季节性的湿地，夏天水有 10 米深，冬天水就会流走，但从来没有干涸过。大海子的下端有几十厘米宽的出水口，水就是从这里流到地下去的。其形成原因是石灰岩受到水的侵蚀后慢慢溶解，由此出现裂缝到发展形成地下‘漏斗’，从而水流从地下消失，看不到明河。”

图 7－7 左侧楼盘是海子山项目一期，已经建成，正在装修；右侧为在建的二期楼盘（财新记者周泰来摄）

中国绿发会政研室在早期接到举报反映四川雅安市雨城区海子山天然湿地被破坏后，十分关注并研究相关材料，启动环境公益诉讼，以此来保护当地的生态环境。目前湿地破坏将对整个海子山湿地生态系统带去不可逆的影响，应该立刻停止，将危害降到最低。

图 7－8 海子山山顶凹陷处形成大海子湿地，开发商在修竖井和横井搞排水工程。开发导致的土石方滑坡严重，很多土流到了海子里，进而导致水体污染，也给当地养殖户带来损失（财新记者周泰来摄）

中国绿发会也呼吁四川有关部门应该组织对海子山湿地及周边的植被重新进行调查。无论如何，都没有理由为了娱乐和所谓的观赏，去破坏这样一个珍贵的湿地。

图7-9　三位工人正在操作灌浆，图片正中是一台灌浆机械。一位工人表示，他们要打三四十米深，用水泥浆把缝隙给堵住，大海子才能蓄水（财新记者周泰来摄）

还有一个案例是贵州赤水的天鹅堡、天岛湖项目，楼盘矗立在青山和茂盛丛林的掩映中，以空气好、宜养生的卖点，吸引了全国各地人员来此置业。但2020年，这两个历时七八年，已建成2万多户住宅的房地产项目，因“大面积损毁国家公益林，严重破坏生态环境”，被中央第七生态环境保护督察组查处后叫停。

这样严重破坏生态，占用大片林地的房地产项目，是如何拿到“合法依规”的审批呢？在调查中发现，开发商将“项目化整为零、分期分批，降低审批层级”的伎俩被惯常使用。当然，这背后离不开当地政府，特别是林业主管部门的支持。

在中央环保督察发现问题之前，天鹅堡、天岛湖两个项目也拥有众多荣誉。除了分别位列中国林业产业联合会自2016年发布的第二批、第五批全国森林康养基地试点建设单位名单外，2020年8月12日，贵州省森林康养健康效应与服务营销培训班在天鹅堡森林康养基地举行，该试点基地负责人还作了典型交流发言。尴尬的是，不到一个月，这两个项目大范围征占用重点防护林开发房地产、大面积损毁国家公益林的问题，便被暴露出来。而这，仅仅是森林康养产业存在的诸多严峻问题的一个方面。

图 7－10 贵州赤水天鹅堡楼盘（财新记者周泰来摄）

但我国系统推进森林康养的起步较晚，具体可以从 2015 年国家林业“十三五”规划重视森林生态服务功能和于同年召开的首届森林康养大会算起。2019 年四部委联合发布的促进森林康养产业发展的意见，让中国森林康养产业以“追赶超”的迅猛姿态强势发展起来。根据四部委制定的国家森林康养基地建设项目的目标要求：到 2022 年，建设国家森林康养基地 300 处，到 2035 年建成 1200 处。

森林康养是一项产业，其服务功能与市场经济发展高度融合，经济意义亦十分明显，这也使得森林康养成为各领域争相研究、开展的“香饽饽”。但中国的森林康养产业方兴未艾，2012 年才正式被引入，在理论研究上，大多是对日本、丹麦及德国等基地建设经验上的总结；而在具体实践中，无论是在基地的规划建设还是在产业准入标准、认证评价上均有所滞后。但有一点是毋庸置疑且非常明确的，即森林康养发展绝不能以破坏森林环境为代价，而应率先保障森林生态健康，做到保护优先、生态先行，这是森林康养产业健康发展的基石。

森林康养，是一项真正将“绿水青山就是金山银山”有效结合、体现生态本身就是经济的产业。只有保障了森林的“绿和青”，才有康养产业的“金与银”。保障森林康养产业的绿色属性和健康发展，不应追求数量与速度，相反，应该结合我国这一产业发展的实际情况，在申报、审核、标准、制度等方面重点突出其对森林资源的保护作用，各项申报信息及后续建设发展规划充分做到公开透明，强化公众参与和监督，让森林康养这一服务民生的产业真正做到既康且养。

五、崖沙燕栖息地破坏事件调研：践行习近平生态文明思想，将基础设施建设与生态保护相结合

崖沙燕不同于普通的小燕子，“旧时王谢堂前燕”说的是喜欢在檐前屋后筑巢，与人类毗邻而居的小燕子。而崖沙燕比较特殊，它们喜欢在远离人居环境，距离水源地不远的陡峭土崖上筑巢，被称为“崖壁建筑师”，靠近水源，可以保障有较为充足的食物，陡峭崖壁能够让它们最大限度地避开黄鼠狼、野猫等天敌，可以安心地抚育后代。

图 7－11　崖沙燕巢穴（图源：中国绿发会）

本来人燕各自为居，互不干扰，但在近年来，却频繁发生崖沙燕栖息地危机。

2020 年 3 月下旬，中国绿发会志愿者举报称，当地河道附近的崖沙燕栖息地正在被破坏，起因于当地政府正在进行的河道硬化整治工作。

志愿者在河堤附近进行了巡查和走访，通过询问施工工人和查阅网络资料发现，槐河河道整治从 2012 年已经开始，基于 1996 年大洪水安全警示，在河北省级水利部门的大力支持下，元氏、赞皇两县的槐河河道整治工程相继立项并开工建设。整个槐河元氏段、赞皇段河道整治工程总投资约 5435 万元。2019 年，有关部门认为未经整治的河道仍可能受到洪水威胁，于是决定再次发起槐河元氏段治理工程（后续），通过岸坡防护、坡脚砂坑回填等措施，整个景观工程的施工从河下游开始，逐步地开发到了河上游（也就是现在崖沙燕的筑巢点）。因对河道进行了固化，也因此对崖沙燕河堤上原有的栖息地造成了破坏。在调查中崖沙燕专家组发现，元氏县槐河河段的两处沙洲是附近唯一适合崖沙燕筑巢的地点，一旦遭到破坏，崖沙燕无法进行筑巢繁衍，将对此处崖沙燕种群造成不可挽回的损失。

石家庄元氏县于2020年首次收到中国绿发会的情况反馈，但综合近年来崖沙燕种群繁殖现状，这种情况几乎每年都会发生。2014年，《华商报》曾大篇幅报道陕西沣东新城高桥街办严家渠沣河桥下有百余个崖沙燕窝，希望保护起来，最终结果却是相关单位一边答应保护，一边却偷偷毁掉，这样的结果让人们唏嘘不已。

2017年，在同样的时节，一群崖沙燕落户在渭河北岸马家湾米家崖附近一处施工形成的沙土崖壁上筑起巢穴。据《华商报》报道，崖沙燕筑巢地原本是一小土山，但由于当时天然气公司将该块地征走，开始施工，计划建设一天然气加压站，施工过程中把小土山顶部推平，小土山南部也被施工机械挖成崖壁。当地人介绍："这些燕子一到春天就会飞来，然后在渭河边筑巢，2016年渭河治理，河道内这种沙土崖壁少了，燕子没有筑巢的地方。刚好该工地施工把小土山挖出一道崖壁，又赶上停工，急于寻找合适地方安家繁育后代的燕子们便在工地上筑起了巢。而一旦开始施工，在此筑巢的崖沙燕们将面临家毁巢亡的局面。"

同样的事情，也发生在中国其他地方。2013年河南新郑，上万只崖沙燕在河南新郑某工地基坑断面上打洞筑巢，而工地需要赶进度，挖掘机时刻威胁着燕子的家园。

2019年5月，在郑州市某建筑地有大量崖沙燕的巢穴被大网盖住，外出觅食的燕子"爸妈"出门后却回不了"家"，只能眼巴巴地看着嗷嗷待哺的燕宝宝饿肚子，着急地在崖壁前盘旋。这些看似一个个孤立的问题，其背后都有一个共性，即人类建设活动正在与崖沙燕栖息地发生着越来越多的冲突，且这种冲突可能导致崖沙燕族群被毁灭性破坏。

崖沙燕是迁徙鸟类，喜群居，每年四五月份，会从南方飞回北方，在河北、河南、陕西等地筑巢。它们筑巢的方式很独特，主要是在土崖上挖一个微型小窑洞，在里面产卵、孵化，幼小的崖沙燕宝宝破壳而出后，会在洞里一直长到能飞翔为止。曾有2000多只崖沙燕在河南开封市一家砖厂的大土方上筑巢生儿育女，筑了1000个左右的巢穴。据相关研究，崖沙燕对啄洞筑巢显著的选择性，巢多筑于水边沙质硬土悬壁的沙土与黄壤交错的沙土层，且主要选择在沙土顶部与黄壤交界的部位，会避开人为扰动过的土层，尤其是回填的垃圾。

郑州师范学院李长看教授是河南省野生鸟类观察学会秘书长，也是中国绿发会崖沙燕保护地·河南主任，据其对河南地区崖沙燕多年的研究和观察发现，郑州地区10处考察确认的崖沙燕巢区，其中7处位于施工工地，仅有一次可能利用繁殖的机会；另3处是近乎天然的环境。且集群生活的崖沙燕栖息地选择的基本条件是：（1）沙质断崖，利于打洞为巢；（2）周边约2000米有水源地，捕食水生昆虫及小型水生动物；（3）大面积的农田、草地、林地，有较为充足的植食性食物及昆虫。

图 7－12　专家在崖沙燕巢区附近察看现场（图源：中国绿发会）

2019 年发生在河北石家庄元氏县槐河某河段的崖沙燕栖息困局。相关调查显示，崖沙燕每年 4 月份飞到这里挖洞筑巢，5 月份产卵孵化，5 月底小鸟出生，之后还需要一个月的时间育雏，6 月底小燕子出巢。此河段因为较为安逸的自然环境，因此一直是崖沙燕、黑鹳和白鹭的繁殖地，但由于 2019 年槐河河道整治，加上周边景观建设，对河道进行了硬化，崖沙燕面临着生存危机。因此保护好这一栖息地，对于这些物种来说，都具有非常重要的意义。

一方面是出于对人类自身考虑的防洪堤坝建设和景观设计开发的建设需求，另一方面则是崖沙燕赖以生存繁衍的自然栖息地保留，又是一例开发建设与野生动物相冲突的案例。2020 年 4 月 1 日下午，中国绿发会主持召开了“元氏县崖沙燕保护专家研讨会”，针对河北石家庄元氏县崖沙燕因为河道工程建设带来的繁殖地被破坏的问题进行了探讨。通过网络会议的形式，20 余位专家学者、保护工作者、志愿者、社会组织代表和有关人员就此进行了讨论。这也是我国首次关于基础设施建设工程对崖沙燕这一迁徙物种的栖息地影响而召开的专家环境影响评估会议。

结合志愿者在施工现场发回的视频资料，专家进行了详细分析，并一致认为崖沙燕所栖息的河道内沙洲不影响防洪和排水，应给以保留，避免施工开发破坏。同时专家建议，保留崖沙燕栖息沙洲的工作可以和当地开展的景观建设有效结合，因为崖沙燕的巢穴本身就是非常独特的景观资源，可对已局部破坏的沙洲进行重新规划，将其建设成科普教育、生态文明展示和生态旅游基地。

图 7－13　我国首次关于基础设施建设工程对崖沙燕这一迁徙物种的栖息地影响而召开的专家环境影响评估会议（图源：中国绿发会）

在中国绿发会崖沙燕工作组为小燕子的事情不断呼吁期间，习近平总书记的足迹抵达了浙江余村。“绿水青山就是金山银山”是党的十八大以来习近平总书记讲的最深入人心的“金句”之一。他曾在《浙江日报》的《之江新语》专栏发表评论亦明确指出：“生态环境优势转化为生态农业、生态工业、生态旅游等生态经济的优势，那么绿水青山也就变成了金山银山。”

图 7－14　崖沙燕栖息地现场指示牌（图源：中国绿发会）

崖沙燕面临的生存困境，折射了一些地方在生态文明建设上存在的一些误区。这些误区集中体现在建设工程对环境影响评估普遍存在不足，甚至出现环评报告造假、不规范，成为一些项目实施的敲门砖和铺路石的情况。而一些小项目的施工也往往存在说干就干，没有考虑生态与环境因素的情况。这也就导致了诸多的人与自然发展不和谐情况的出现。

对于崖沙燕的保护应实现青山绿水和金山银山的兼顾，保护好鸟类等野生动物，亦是各地推进生态文明建设的重要方面。2019 年 4 月 3 日，中国绿发会崖沙燕保护专家组收到元氏县林业部门负责人的邀请，中国绿发会崖沙燕专家组赴元氏县参加调研活动，希望能够通过有效沟通，扫除障碍，推进崖沙燕保护工作。周晋峰博士作为专家组代表参与了此次调研，并强调：环境影响评价是生态环境治理体系的基础性制度，也是生态工程建设的有力抓手。要以习近平生态文明思想为指导，要加强生态文明建设，划定生态保护红线，为可持续发展留足空间，为子孙后代留下天蓝地绿水清的家园。

保护好崖沙燕，就是在守护绿水青山，而且是把绿水青山建设放在首位、切实践行生态文明的做法。新文明时代，要体现新观念。比如，景观建设与生态旅游观念充分结合，以最小的自然资源代价，最大程度地满足人类需求，同时促进生态资源的发展。在工程建设上将人的积极作用考虑进去，让人对自然适度、适量地科学参与，不仅不会破坏自然，反而会对生态有积极效应。那么在这个过程中，亦会产生社会经济价值，同时给当地社区带来福利与可持续发展动力。

在守住生态保护底线的前提下，保护和发展是可以并行不悖的。只有秉持这种思想，才能使两者真正实现有机统一，实现保护就是发展、发展就是保护的深刻思想内涵。

六、天津东方白鹳挨饿事件调研：生态文明需要人民充分参与的保护体系

2019 年 11 月 21 日，一组视频被频繁转发：一群野生的东方白鹳不断撞击中华水鸟保护地的救护网（网内有鱼塘，栏网主要用于开展野生鸟类救助和帮助它们进行野化训练），虽然有网拦着，但这些东方白鹳眼中似乎只有鱼塘，急切地想要落下来，完全不顾围栏防护网，不停地往防护网上冲撞，发出砰砰声，声音急切，仿佛不怕受伤。

“当时它们饿得不行，找人要吃的，看到笼子里有鱼就往上撞”，中华水鸟保护地主任田志伟解答了东方白鹳这种“异常行为”。挨饿的东方白鹳牵动了很多人的心。中国绿发会紧急发起了“5 元钱，为它们买条鱼”的应援行动，并请工作人员携带首批网友爱心捐款，在前往天津、唐山调研时，把善款捐给正在对迁徙中的东方白鹳进行补饲和救助的田志伟主任。

东方白鹳是我国一级保护动物，国际濒危物种，属于大型涉禽，主要在沼泽、湿地、塘边涉水觅食，以小鱼、蛙类、昆虫等为食。它们在每年的三四月份，从长江中下游的越

冬地飞往我国的东北部和西伯利亚东南部繁育后代，度过夏天，然后从 9 月末至 10 月初开始，陆续离开繁殖地向南迁徙，途经松嫩平原、辽河流域和渤海湾地区，再次抵达长江流域。天津、唐山等环渤海地区是东方白鹳迁徙路线上最重要经停地之一，在这里，它们会作短暂休整、补充能量，为后续的长途飞行做好准备[5]。

图 7－15 东方白鹳（图源：中国绿发会志愿者）

东方白鹳，跟大熊猫一样，全身羽毛以黑白色调为主，但与走呆萌路线的熊猫不同，东方白鹳两条红色的大长腿，让它们始终保持着高雅的姿态。然而在 2019 冬天，面对饥饿，不断撞网的它们，很难保持优雅。

图 7－16 两个人追着拍东方白鹳（王建民摄）

图7－17　鱼塘边的东方白鹳（图源：中国绿发会志愿者）

田志伟主任的保护地在河北唐山大清河，这里并不是往年东方白鹳迁徙的主要途径地，但却有上百只东方白鹳过境天津后，绕飞到这里来寻觅食物。

天津地处华北平原东北部、海河流域下游，素有“九河下梢”“河海要冲”之称，境内拥有大量丰富的湿地资源。这些珍贵的湿地，是全球候鸟迁飞路线东线（东亚至澳大利亚西）上的重要加油站，每年为超过10万只候鸟提供关键性能量补给和安全保障，其中包括国家一级保护动物东方白鹳。但入冬以来，天津滨海新区沿海及河北大清河一带，均出现了成批东方白鹳因饥饿而与渔民抢食遭轰赶的情况。

中国绿发会工作人员和志愿者调研发现，作为大型涉禽，东方白鹳每天进食量较大，要吃掉3斤左右的小鱼，成群的东方白鹳来私人鱼塘进食，会给鱼塘主带来较大的经济损失，因此很多渔民虽然知道这是保护物种，不能猎杀，但还是会放鞭炮驱赶。

图7－18　在天津逗留的东方白鹳（图源：中国绿发会志愿者）

“主要是黑色的鸬鹚和大高个的大白鸟（东方白鹳），有时半夜两三点，还能看到这种大白鸟守在池塘边，只要没人轰它，它们就偷着吃。”看塘人王先生向调研组反映，他们能做的，就是吆喝着轰，也不敢打它们。粗略估计，冬天仅这家鱼塘被它们吃掉的小鱼，就损失了10多万元。调查组也简单算了一笔经济账：一个80亩的鱼塘，保守估计，鱼塘主一年能收获20万斤鱼，有上百万元的收入，但是否给候鸟留点小鱼，这个现在全看鱼塘主个人觉悟。

它们为何过自然保护区而不入？为什么每年过境迁徙的东方白鹳会遭遇较为严重的食物危机呢？中国绿发会调查发现了以下几方面问题：

天津现有三个湿地保护区，一个国家级（七里海国家级自然保护区）、两个省级自然保护区（北大港湿地自然保护区和大黄堡湿地自然保护区），总保护面积69.7万亩，在保护候鸟迁徙的安全性方面，都做得非常充分，对保护区实行了严格管理，极大减少了迁飞候鸟的人为干扰。但是，在对东方白鹳的食物供给方面，却因为保护区湿地缺乏精细化的科学规划与管理，现湿地保护区范围内普遍水位较高，不适合涉禽类的东方白鹳觅食，客观上使得长途迁徙至此的东方白鹳出现食物匮乏，不得不舍近求远、四散至周边私人鱼塘与人争食。

长期观察并救助东方白鹳的一位中华保护地王姓主任也向中国绿发会反映：往年，东方白鹳抵达天津后，多停留在北大港湿地自然保护区和附近的七里海国家级自然保护区。由于北大港湿地自然保护区和附近的七里海国家级自然保护区前两年相继收回了渔民养殖鱼塘后，保持了较深的水位，却没有鱼，使得大批前来的东方白鹳无处觅食，只得飞往附近更远处的曹妃甸保护区附近的私人鱼塘觅食，但又遭到了渔民轰赶。长距离的飞行和炮轰惊吓，使得东方白鹳虚弱不少，多数东方白鹳只敢在天空盘旋，不敢落地。

在河北曹妃甸湿地，调研组发现了另一种情况。曹妃甸湿地和鸟类省级自然保护区地处滦河入海口西侧，核心区面积3504公顷，缓冲区面积1503公顷，实验区面积5074.4公顷，也是候鸟东线的重要途经地，是天津湿地的上一站。调研组往保护区里边走，发现其缓冲区基本位于公路左侧，右侧属于实验区，路右边随处可见成片的鱼塘和正在施工的油田开采，也有大型挖掘机正在作业，也有连片的工厂厂房。当调研人员向当地人打听，有无看到“大长腿”“一种大白鸟”时，当地人称公路旁边的河对岸以前有见过。不过在调研当天，调研人员观察了1个多小时，未在湿地周边找到一只东方白鹳。

在曹妃甸湿地保护区缓冲区内，调查组发现“海湾湿地国际度假小镇”的黄色广告牌醒目地立在路边，浅灰色的自然保护区水泥牌在其映衬下显得毫不起眼，很容易让人忽略。不远处，透过芦苇屏障，可以看到更远处的高尔夫球场，以及地图上显示这里是湿地酒店区。缓冲区里的鱼塘这时节都已干塘起鱼，露出干涸的塘底。最令人困惑的是，整个保护区核心区虽然都围了一圈铁丝网，但核心区内除了一座高高的电子监控设备，界碑处及其他大门亦无人值守，大门敞开着，不时可遇到渔民骑摩托车自由进出。调研组也进入核心区并查看了一圈，发现这里80%—90%的区域都已经变成承包鱼塘或虾塘，仅最中央留下了数量屈指可数的巴掌大一小块原始自然湿地，经目测，其面积应该不超过一两百亩。而大量被干塘起鱼的鱼塘内，几乎全是枯塘，偶尔留有少量水的地方，亦无什么小鱼小虾剩下来，偌大个湿地保护区内，也没有看到一只东方白鹳。调查人员同时发现，2019年9月，河北新闻网报道唐山曹妃甸湿地公园景区被河北省通报批评，责令限期整改，限期6个月。

综合上述两方面调研情况发现：第一，天津保护区保护工作做得很好，比如七里海湿地，政府采取了高标准严要求的保护举措，当地生态环境也得到了很好的恢复与保障，但在科学规划并更好保障物种迁徙、觅食等方面还有所欠缺；第二，河北曹妃甸湿地情况则较为严重，核心区缺乏管理，且湿地对外承包为鱼塘和虾塘，在缓冲区进行大量的开发建设等情况，没有体现一个省级自然保护区应有的规范与管理。

野生动物一般不会近距离接触人群，而东方白鹳舍弃自然保护区、冒着生命危险在私人鱼塘觅食的情形，则说明自然保护区出现了一些问题，毕竟生态好不好，关键看鱼鸟。

随着我国生态文明建设不断深入，天津市、河北省作为京津冀生态圈建设的重要主体和腹地，承担着保护绿水青山、提升生态环境质量与水平的重任，特别是作为全球候鸟迁徙重要途经地的滨海湿地生态环境保护，其重要意义愈发突出，同时也备受瞩目。

2016年，河北省曾就时任全国政协委员、中国绿发会负责人谢伯阳（现任理事长）所提唐山等地滩涂湿地破坏状况提案，邀请中国绿发会相关人员前往曹妃甸湿地调研，时任河北省省长张庆伟亦曾就此问题作出批示。但遗憾的是，大量国家一级保护动物、濒危迁徙物种东方白鹳迁徙至曹妃甸湿地却出现无食可觅、挨饿严重的情况。

那么在生态文明时代，国家自然保护区体系，如何更好地为野生物种提供适宜的栖息环境、觅食环境，如何更好地保障生物多样性呢？加强保护区规划、管理是一个方面，让公众，特别是公民科学家充分参与到国家保护体系中来，充分发挥人民的力量推动生态环境保护，是尤为重要的。

在此次东方白鹳挨饿事件中，以中华保护地体系为核心的一线志愿者在发现问题、推动问题解决、呼吁各方关注方面发挥了巨大作用。首先发现东方白鹳觅食异常及挨饿情况的，是来自长年在一线开展鸟类观察、保护、巡护的一线志愿者。志愿者在发现问题后，第一时间将信息反馈至生物多样性保护领域的国家级专业机构中国绿发会，而中国绿发会作为公募基金会，迅速就此发起募捐，给予了一线志愿者最快的支持并联合志愿者开展调研。在为期三天的调研中，中国绿发会工作人员及来自中华保护地的环保志愿者一同实地察看了河北、天津两地的大中型四个保护区及周边鱼塘区，并为中国绿发会提供了他们往年观察东方白鹳了解到的实际情况。这也为中国绿发会后续进一步致函河北、天津及自然资源部等相关部门，推动高层重视问题提供了扎实资料。为进一步加强东方白鹳保护，中国绿发会在天津、河北现有的中华保护地基础上，还紧急新成立了中华东方白鹳保护地，进一步将保护行动具体化、精细化。

周晋峰博士曾表示：生态文明是一个哲学范畴，不仅要求要加强环境保护力度，更为重要的是思想转变，真正从思想上认识到生态文明建设的重要意义，并以此来指导政府机构、企业团体、公民个人等在工作、生产、生活等各个方面作出改变。比如，改变传统的发展理念与工作方式，改变工业文明时代所习惯依赖的生产方式与生活方式等。

那么，在国家传统的自然保护区体系基础上，也理应作出相应改变。比如，在建构新的“以国家公园为主的保护地体系”中，尽快纳入中华保护地等社区保护板块，吸纳更多的公民科学家参与其中，与中华保护地体系形成有效衔接等。

参考文献：

［1］何涛．生态民生建设对策思考——对浙江省丽水市、宁波奉化市滕头村的典型案例分析[J]．清江论坛，2011（1）：5.

［2］梁黎明．加快发展海洋经济　推动经济转型升级[J]．政策瞭望，2009（2）：3.

［3］张军．以生态文明理念推进社会主义新农村建设——浙江推进美丽乡村建设综述［J］．今日浙江，2010（21）：4.

［4］王华，王静，周晋峰．从植树到生物多样性深刻理解生态文明建设[J]．新型城镇化，2019（6）．

［5］王静，杨晓红．东方白鹳挨饿事件调研：生态文明需要人民充分参与的保护体系［J］．新型城镇化，2020（1）．

第二节 云南生态文明建设实践与案例

一、云南生态文明建设的发展战略

1. 云南省情概述

云南简称“云”或“滇”，地处中国西南边陲，北回归线横贯南部。东与广西壮族自治区和贵州省毗邻，北以金沙江为界与四川省隔江相望，西北隅与西藏自治区相邻近，西部与缅甸相邻，南部和东南部分别与老挝、越南接壤，处于中国与东南亚、南亚地区的桥头堡地位，是中国通往东南亚、南亚的窗口与门户。云南省总面积39.41万平方千米，占全国国土总面积的4.1%，居全国第8位，总人口4720.9万人（第七次全国人口普查数据），下辖16个州市。云南是全国植物种类最多的省份，被誉为“植物王国”。热带、亚热带、温带、寒温带等植物类型都有分布，古老的、衍生的、外来的植物种类和类群很多。在全国3万种高等植物中，云南占60%以上，列入国家一、二、三级重点保护和发展的树种有150多种。全省森林面积为2392.65万公顷，森林覆盖率为65.0%，森林蓄积量为20.20亿立方米。云南树种繁多，类型多样，优良、速生、珍贵树种多，药用植物、香料植物、观赏植物等品种在全省范围内均有分布，故云南还有“药物宝库”“香料之乡”“天然花园”之称。变幻莫测的立体气候，千姿百态的地形地貌和源远流长的民族与历史文化，共同造就了云南极其丰富的自然生态与社会文化多样性，构成了得天独厚的绿色发展禀赋[1]。

随着生态文明建设的全面推进，云南省社会各界对自身的经济建设、社会建设、文化建设与生态环境治理等各方面的省情有了客观和科学的认识。一方面，云南的经济社会发展水平确实相对较低，尤其是按照传统的经济社会现代化测度尺度而言。2021年，云南省实现地区生产总值（GDP）27146.76亿元，比上年增长7.3%，两年平均增速高于全国，规模以上工业增加值增长8.8%，地方一般公共预算收入增长7.6%，居民人均可支配收入增长10.2%。其中，第一产业增加值3870.17亿元，增长8.4%；第二产业增加值9589.37亿元，增长6.1%；第三产业增加值13687.22亿元，增长7.7%。三次产业结构为14.3∶35.3∶50.4。全省人均地区生产总值达57686元，比上年增长7.5%。这些基础性数据与新世纪之初的2000年和改革开放之初的1984年相比，确实已经发生了重大的阶段性提升，比如GDP分别增加了12倍和175倍（两个参考年份的GDP分别为2011.19亿元和140亿元）[2]；但如果与同时期的沿海地区广东省（2021年全省GDP为12.4亿元）和浙江省（2021 年全省 GDP 为 7.35 万亿元）相比，云南经济仍处于相对落后的位置[3]。

2. 云南生态文明建设的发展历程

云南独特的地形地貌和气候条件使其拥有了一系列具有世界遗产价值的自然与人文历史景观，人文社会文化与自然生态多样性交相辉映，形成了绝无仅有的人与自然和谐共生的景象。独特的人文与生态对于云南来说，具有实践生态文明建设的天然优势，因而，生态文明建设对于云南来说，既是一个史无前例的发展机遇，也是一个重大的时代挑战。如何践行生态发展理念、创新经济发展模式和实施绿色经济战略等来实现整个区域的绿色跨越式发展，让最广大人民群众享受到更加富足美好的生活?

为了贯彻落实党中央提出的生态文明建设重大战略，云南立足自身省情，紧紧抓住生态文明建设这一发展新机遇，逐渐形成了生态文明建设的区域推进思路与战略。大致可以划分为如下五个阶段:

第一个阶段为探索阶段，以“建设绿色经济强省”为核心战略目标，围绕生态省的建设来探索生态文明建设的可行之路。1999 年，云南省发布了《云南绿色经济强省建设规划纲要》，揭开了云南生态文明建设的序幕。云南将通过 10—20 年的努力奋斗，建设九大支撑体系，大胆探索绿色经济发展模式，以实现经济、社会和生态环境协调发展且具有可持续发展能力的绿色生态省份。立足生态省情的现实，云南确立了“生态立省，环境优先”的发展思路，把更有效的生态环境保护与进一步的经济社会发展结合起来，打造“生态云南”形象。随后发布的《云南省生态乡镇验收暂行规定（试行）》、“七彩云南保护行动”和“滇西北生物多样性保护行动”计划等政策文件，为云南围绕生态事业展开具体工作指明了方向，以期实现生态省的创建目标[4]。

第二个阶段为启动阶段，以党的十七大提出的生态文明建设理念为先导，以 2008 年时任国家副主席习近平同志考察云南时提出的“切实加强生态文明建设，努力使‘七彩云南’放射出更加耀眼的光芒，努力争当全国生态文明建设排头兵”的具体要求为目标，围绕着实施生态文明示范区（先行区）建设。为此，云南省委、省政府出台了一系列推进省域绿色发展战略举措，颁布了《七彩云南生态文明建设规划纲要（2009—2020）》这一惠及全省广大人民群众切身利益的生态文明建设的行动纲领，成为全国最早的省域生态文明建设规划纲要之一[5]。以保护森林和湿地为目标的《关于加快林业发展建设森林云南的决定》和低碳发展为理念的《云南省低碳经济发展规划纲要》的先后发布，进一步加快了云南省生态文明建设的步伐，推动了经济发展模式从过去的工业文明时代向绿色经济可持续发展模式转变。

第三个阶段为发展阶段，党的十八大将生态文明建设上升到国家重大发展战略地位。

云南省第九次党代会明确提出："要努力实现经济建设与生态建设同步进行，经济效益与生态效益同步提高，产业竞争力与生态竞争力同步提升，物质文明与生态文明同步前进的"四个同步"发展目标。"这标志着云南生态文明建设进入全面启动阶段。《关于争当全国生态文明建设排头兵的决定》，明确了以建设"美丽云南"为目标，将生态文明建设贯穿于经济社会发展的各方面和全过程，重点处理好人与自然、加快发展与加强保护、生态文明建设与转变发展方式、行政主导与法治保障等"四个关系"。《云南省湿地保护条例》和《云南省主体功能区规划》的相继印发，预示着云南在加强对湿地的保护的时候，同步开展国土空间的进一步优化，基本形成生态主体功能区布局。2014 年国家发展改革委等七部委联合发布了《关于印发国家生态文明先行示范区建设方案（试行）的通知》，云南成功入选国家首批生态文明先行示范区，对于云南生态文明建设具有里程碑的意义[5]。

第四个阶段为全面铺开阶段，2015 年习近平总书记再次考察云南时，明确要求云南"一定要像保护眼睛一样保护生态环境，努力使云南成为生态文明建设的排头兵"。"努力争当生态文明建设排头兵"成为云南生态文明发展工作的重要战略指引。云南省委、省政府随后作出《关于加强生态文明建设的决定》和《关于争当全国生态文明建设排头兵的决定》，将中央对生态文明建设的顶层设计与云南省情现实相结合，提出了"坚持生态立省、环境优先，努力争当生态文明建设排头兵"的生态文明建设具体方针，先后颁布了《关于贯彻落实生态文明体制改革总体方案的实施意见》《云南省生态文明建设排头兵规划（2016—2020）》《云南省蓝天保卫专项行动计划（2017—2020 年）》《云南省碧水青山专项行动计划（2017—2020 年）》等重要政策文件，积极探索生态文明制度建设，健全生态文明制度体系，并树立了到 2020 年的生态文明建设目标："生态环境质量保持全国领先，协调发展成效显著，建设成为'美丽中国'的示范区"，成为云南省生态文明建设的最重要战略引领和行动指南[6,7]。

第五个阶段为全力展开阶段，深入贯彻落实习近平生态文明思想和中央关于生态文明建设的重大决策部署，尤其是习近平总书记对云南提出的努力成为全国生态文明建设排头兵的目标定位，以更加坚实的步伐加快云南生态文明建设。2018 年《云南省生态保护红线》确立了云南省"三屏两带"的生态保护红线基本格局，为筑牢西南地区和长江中上游生态安全屏障奠定了基础。2018 年 7 月，云南省生态环境保护大会提出了"把云南建设成为中国最美丽省份"的新要求和新的发展目标。2019 年 5 月，云南省出台了《关于努力将云南建设成为中国最美丽省份的指导意见》。《指导意见》指出：全省各族人民应以时不我待的时代紧迫感和责任感，以强有力的担当作为，在生态建设和环境保护、绿色发展、制度建设等方面勇于创新，以大无畏的精神探索和积累生态文明建设的云南经验，以促进我省生态环境建设质量的不断改善，努力做到“生态美、环境美、山水美、城市美、乡村美”的“中国最美丽省份”。2020年，《云南省创建生态文明建设排头兵促进条例》的发布，标志着云南省生态文明建设领域第一部全面、综合、系统的地方性法规的诞生。围绕蓝天、碧水、净土三大保卫战，持续推进九大高原湖泊保护等“8个标志性战役”，持续推动云南省生态经济绿色高质量发展。条例实施一年多后，系统回答了云南省在生态文明建设领域取得的成效；“双碳”时代，云南如何将绿色资源禀赋转化为发展优势、滇池等高原湖泊环湖过度开发整改进展如何、云南如何抓住COP 15这一契机提升生物多样性保护水平等广大人民群众关切的热点问题[8]。2022年，云南省生态文明建设排头兵工作领导小组办公室印发《云南省推动成为生态文明建设排头兵2022年措施任务清单》，谋划了从加快绿色转型，争当绿色低碳循环发展排头兵；推动重点突破，争当深入打好污染防治攻坚战排头兵；保持优势地位，争当生物多样性保护排头兵；突出系统治理，争当生态安全体系建设排头兵；厚植生态文化，争当生态文化体系建设排头兵和健全制度体系，争当环境治理体系和治理能力现代化排头兵等6个方面的生态文明体系建设，统筹推进碳达峰碳中和工作、认真落实“两高”“双控”任务、持续巩固绿色能源优势、大力发展循环经济、持续抓好长江经济带生态环境突出问题整改等20条清单化措施，牢牢守住环境质量“只能更好，不能变坏”的底线，按照“任务项目化、项目清单化、清单具体化”的工作要求，确保2022年生态文明建设排头兵工作取得阶段性成效[9]。

此外，云南省在全国率先出台了《生物多样性保护条例》，率先全面开展野生动物公众责任保险，实施亚洲象、金丝猴等一批珍稀濒危特有物种的拯救、保护和恢复工程；实施生态保护重大修复工程，加快“三屏两带”生态安全屏障建设。全省90%的典型生态系统得到有效保护；全省森林面积、覆盖率、蓄积量均居全国前列[8]。

二、守护多样之美——我们在行动：以云南省“大学生在行动”生物多样性保护与宣传活动为例

云南省是中国生物多样性最丰富的省份，也是我国重要的生物多样性宝库和西南生态安全屏障。《生物多样性公约》第15届缔约方大会（COP 15）落地在云南省昆明市，云南省迎来保护生物多样性的新的重大机遇。“大学生在行动”原名“大学生志愿者千乡万村环保科普行动”，是由中国环境科学学会自2003年发起，生态环境部、科技部和中国科协支持的大型农村环保科普公益活动。云南省是最早响应中国环境科学学会“大学生在行动”号召的省份之一，早在2004年云南省环境科学学会（以下简称“学会”）就在保山市启动了云南省“大学生志愿者千乡万村环保科普行动”，时任中国环境科学学会副秘书长周志中出席启动仪式并致辞。自此以后，每年寒暑假，学会始终秉承发挥社团优势、服

务社会的理念，将传播生态文明理念及生态环境科普知识，提高全民科学素质和环境意识的科学普及工作作为学会生命线之一，精心策划，周密部署，广泛联系省内各大高校团委组织开展“大学生在行动”活动，并将“大学生在行动”作为学会科普品牌进行打造。

图 7－19　贵州师范大学宣威小分队在龙潭镇开展科普座谈（图源：云南省环境科学学会）

云南省环境科学学会在每年的寒、暑假期间面向全省招募大学生志愿者，组建志愿者小分队深入广大农村、社区围绕生态环境保护与人体健康、生物多样性保护、健康生活、垃圾分类、绿色低碳等主题开展生态环保科普宣传。20 年间，学会共计派出近万名大学生志愿者，组成近千支大学生志愿者小分队到云南省 16 个州市 100 余个县上千个村庄（保护区）开展科普宣传活动，受众近 10 万人。

在长期的活动实践中，全面理顺了工作流程，涵盖方案制定、队伍召集、物资准备与发放、活动全过程管理、宣传报道、总结评优等全过程活动机制，不断改进活动方式，从最初的发放环保宣传单，到问卷调查、科普讲座和引领村民开展清洁家园、清洁田园、清洁水源地，再到今天的入村入户以及到田间地头、饮用水源地、生物多样性保护地等开展深入调查、引导村民建立村规民约、开展生态示范村建设等。通过开展活动，大学生志愿者们将环保科普送到云南的村村寨寨，他们通过发宣传单、开讲座、做专题调研、制作小视频等多样化方式，引导全省广大农民群众自觉保护农村生态环境及生物多样性，形成良好生产、生活和消费习惯，为传播习近平生态文明思想、健康生活理念、保护生态环境及生物多样性挥洒他们的热情和智慧，成为生态环境保护的“践行者”与“倡导者”，在打通生态环保科普最后一公里的阵地上作出了扎扎实实的贡献。云南省“大学生在行动”还得到了多个国家级、省级自然保护区，多个市、县、乡镇环保、自然资源保护部门的大力支持，建立了长期的联系，并设立了多个“大学生科普示范点”。

图 7-20　西南林业大学异龙湖小分队进行社区走访，传播生态文明故事（图源：云南省环境科学学会）

图 7-21　西南林业大学绿野仙踪小分队开设环保科普小课堂（图源：云南省环境科学学会）

云南省环境科学学会以高度的责任感和使命感，积极响应、精心策划，以学会常抓不懈的科普生命线为切入点，将“生物多样性保护和生态文明意识提升”全面融入、贯穿到已持续开展了20年的科普品牌“大学生在行动”中，2020年1月至今，先后组织54支小分队、200余名大学生志愿者及生态环境科技工作者，深入我省生物多样性丰富地区、自然保护区周边直面保护区的居民开展当地生物多样性认知、保护等科学普及和生物多样性调研，把科普送到最需要的地方，并撰写了生物多样性保护相关的决策咨询建议，相关研究报告为政府生物多样性保护决策提供重要的参考，也在相关期刊上发表了研究报告，扩大了活动的宣传力度[10]。

1. 统筹部署，精心策划；精准培训，夯实基础

统筹部署，精心策划。科学制定年度寒暑假期的《云南省“大学生在行动”活动方案》，选定25个活动点，细化活动的开展及成果要求。编制《云南省寒、暑假“大学生在行动”项目申请指南》，明确活动申报流程、小分队活动实施方案内容要求及成果提交明细等。

图7－22　西南林业大学野保小分队给西双版纳州少数民族群众讲解生物多样性保护知识（图源：云南省环境科学学会）

精准培训，夯实基础。组织召开启动仪式暨培训会，学会理事长李唯现场培训，引导大学生了解如何开展科普工作；邀请我国生物多样性领域知名专家学者为志愿者们开展云南省生物多样性现状、保护情况及开发利用等培训，录制培训视频扩大覆盖面。组织专业

人员有针对性地编制了《云南省生物多样性保护科普系列手册》及《生物多样性宣传报》科普宣传品，定制环保宣传袋、环保水杯、毛巾、农用手套等小礼品支持项目的实施。

2. 疫情与科普并进，防护与宣传时在

连续开展三期针对农村居民“生物多样性保护”为主题的“大学生在行动”寒暑假科普宣传活动，组织云南大学、昆明理工大学、中国地质大学、郑州大学等省内外高校40余所，共计200余名大学生志愿者，组建了54支小分队。结合疫情防控学生不能及时返校要求，指导回乡学生就地开展科普宣传活动，活动遍及10省市及省内13个州市25个县40个乡镇，采取线上线下结合方式，扩大科普受众群体。活动期间共开展科普集中讲座30余场、完成调查问卷近3000份；发放各类宣传手册7000余册、宣传报5000余份、小礼品4000余份；发布美文200余篇、收集活动照片5000余张、视频近100个。其中，通过微信公众号、抖音、快手等平台发布活动视频50余个，提交不少于2万字调研报告6份、活动总结54份，活动直接受众2万余人。

图7－23 云南师范大学双柏小分队开展生物多样性科普讲座（图源：云南省环境科学学会）

（1）科普小分队分赴农村

学会科技志愿者带队到农村地区开展活动，全程指导大学生志愿者在农村地区开展形式多样的宣传活动，以开讲座、做宣传、入户调查等方式，引导大众广泛参与环境卫生整治，了解生物多样性保护的重要性，逐步提升群众生态文明及生物多样性保护意识。

图 7－24　云南大学哀牢山保护小分队入户采访调研（图源：云南省环境科学学会）

（2）调研小分队深入保护区

疫情无情人有情，为保障活动的顺利开展，由高校老师或具有一定专业素质的科技志愿者带领生物多样性调研小分队前往学会建议的区域开展生物多样性调研，并结合入户调研、发放宣传册等方式带动村民了解当地生物多样性的重要性及物种保护知识，结合调研成果及科普活动的开展，每个调研小分队提交了不少于 2 万字的调研报告。

图 7－25　昆明理工大学“学达四境”小分队在保护区内实地考察（图源：云南省环境科学学会）

(3) 打造“示范点”，建立科普长效机制

为保证“大学生在行动”活动宣传效果的持久性，学会联合哀牢山自然保护区楚雄双柏片区、黄连山国家级自然保护区等地建立了联合科普长效机制，设立了云南省环境科学学会“大学生在行动”环保科普活动示范点。

图7－26 昆明理工大学绿春小分队在黄连山国家级自然保护区科普示范点挂牌（图源：云南省环境科学学会）

图7－27 阿姆山省级自然保护区大学生在行动环保科普活动示范点挂牌（图源：云南省环境科学学会）

（4）组织志愿者与法国学者交流分享心得

为充分展示我省“大学生在行动”活动的成果及大学生志愿者风采，2020 年 10 月 17 日，云南省环境科学学会联合法国驻成都总领事馆、北京法国文化中心共同举办了“2020 年中法环境月系列活动之法国学者与云南大学生生物多样性对话活动”。高校志愿者、法国学者、社区居民、生态环境科技工作者等汇聚一堂，围绕生物多样性保护及“大学生在行动”活动科普形式创新等开展交流，参与了活动的优秀大学生志愿者代表和大家分享了“大学生在行动”活动中的收获及感悟，并与法国学者积极互动。法国生物多样性研究基金会专家 Julie DE Bouville 女士还发表了即兴演讲，并对 2019 年 11 月两国共同发布的《中法生物多样性保护和气候变化北京倡议》进行了介绍。

图 7－28　昆明理工大学“学达四境”小分队进行每日活动总结讨论分享（图源：云南省环境科学学会）

3. 成果累累，科普深入人心

（1）全力服务昆明 COP 15 大会，提升生物多样性保护意识

结合 COP 15 在昆明召开创造的重大机遇，面向云南省境内划定的部分生物多样性保护优先区，围绕生物多样保护进行科普，宣传活动直达保护区内及其周边村落，提升当地群众生物多样性保护的意识，增进他们对当地保护动植物的了解，促进村民保护意识由“不敢破坏”向“不能破坏、不想破坏”转变。活动直接受众达 2 万余人。

图7－29 昆明理工大学“学达四境”小分队在哀牢山生态观测站现场讲解（图源：云南省环境科学学会）

（2）建立“平台＋”科普开放宣传模式，基本形成联合科普长效机制

20年的坚守，学会逐渐走出一条“学会＋高校＋环境科技工作者＋基层政府＋村民”的联合科普的路子，基本形成“平台＋”生态环境科普的开放宣传模式，不断培育壮大大学生科普力量，增强科普有效供给，成为学会可持续开展生态环境科普宣传的重要保障。通过建立“大学生在行动”环保科普活动示范点，为科普长效机制打下基础。实现“平台＋生物多样性保护”科普宣传，首次将环境科技工作者调研与建言献策纳入，丰富和发展了“平台＋”科普的内涵和成果。

（3）多角度反映农村环保现状及问题，有效支撑精准科普

积极做好科普活动总结，集成科普成果。整合科普活动总结报告和调研报告，从科普投入、科普工作体系建设、科普对象等方面，深入分析全省农村生态环境科普不平衡不充分等问题，优化“平台＋”科普体系建设，完善运行机制。

（4）精准开发生物多样性保护科普宣传品，提高科普效能

组织专业人员有针对性地编制了《云南省生物多样性保护科普系列手册》及生物多样性宣传报等宣传品，体现因人制宜、因事制宜，为此次活动的有效开展提供了很好的宣传资料保障，提高了科普效能。

（5）通过调研活动发现问题，积极建言献策

在2020年“大学生在行动”活动中，学会带队老师发现红木产业被列入重点发展产业及在边境地区许多宾馆大厅放置大口径热带木材等问题后，学会组织专家开展调研并撰

写了《关于利用〈生物多样性公约〉第十五次缔约国大会契机　树立云南省生物多样性保护积极形象的建议报告》，获得时任云南省省长阮成发等主要领导的批示。COP 15 云南工作筹备领导小组办公室还召开专题会议对其进行研究落实。

图 7－30　“大学生在行动”小分队发现红木（图源：云南省环境科学学会）

生态文明建设，任重而道远。需要持续不断地培养一代又一代的接班人与教育者，普及和传承生态文明建设理念。云南省环境科学学会通过主动融入云南省生态文明排头兵建设战略，服务构建现代生态环境科普体系，面向广大农村，深度促进大学生丰富理论知识与科普实践的有机衔接，培育新兴生态环境科普力量，持续开展以生物多样性保护为主题的科普宣传活动，为 COP 15 大会的召开营造良好的群众氛围，为推动云南建设成为最美丽省份及争当生态文明建设排头兵作出应有的贡献。未来，云南省环境科学学会将继续认真开展好“大学生在行动”活动，努力将其打造成为更具影响力的科普品牌，团结和带领更多的热心环保的当代青年大学生，将“传播生态文明理念和生态环境科普知识，提高全民科学素质和环境保护意识”的科学普及工作进行到底。

三、捧起一颗滇西北高原生物多样性保护的耀眼明珠，全力守护滇西北高原生物基因库

自 1983 年云南省批准建立白马雪山省级保护区至 1988 年国务院批准建立白马雪山国家级自然保护区以来，滇金丝猴、雪豹、金钱豹等国家级保护动物及红豆杉、光叶珙桐等珍稀植物有了一个安全、和谐的家园，成为全球生物多样性保护的热点地区[11]。

图 7－31　白马雪山之秋（格桑摄）

金黄的大果红松、五彩的杂木树林、高远的蓝天、圣洁的雪山、跳跃在树林里的滇金丝猴、唱着欢歌的百鸟……这是金秋 10 月白马雪山核心保护区的美丽景观。每年 10 月，当驾车一路走向滇西北，在翻越白马雪山垭口时，一路的山林就如一幅精心绘制的油画将美丽的秋天呈现在路人的眼前，这里就是中国特有物种——滇金丝猴的家园，也是高原珍稀动植物的避难所——云南白马雪山国家级自然保护区，位于云南省迪庆藏族自治州德钦县和维西县境内，附近的地貌形态十分复杂，与其他地区的地貌形态存在着巨大的差异；区域内地势北高南低，处在青藏高原向云贵高原过渡接触地带，保护区的自然地理环境及生物资源十分丰富，过渡色彩非常明显。白马雪山自然保护区是中国面积最大的滇金丝猴国家级自然保护区，主要保护对象为高山针叶林、山地植被垂直带自然景观和滇金丝猴。

图 7－32　光叶珙桐（赵卫东摄）

白马雪山保护区总面积2821.06平方千米，平均海拔4000多米。到目前为止，白马雪山国家级自然保护区共记录维管束植物156科687属2343种（含种下等级），其中，被子植物130科632属2176种，裸子植物6科14属30种，蕨类植物20科41属137种。在保护区内的所有维管束植物中，被列入国务院2021年8月7日批准的《国家重点保护野生植物名录》的有26种（包括1种真菌和1种虫菌复合体），其中，国家Ⅰ级重点保护的野生植物有2种（光叶珙桐、喜马拉雅红豆杉），国家Ⅱ级重点保护野生植物24种（桃儿七、独叶草、金荞、水青树、川贝母等）。

图7－33　云南红豆杉（唐辉美摄）

白马雪山共记录到鸟类18目47科372种（另11亚种），根据《国家重点保护野生动物名录》（2021），国家重点保护级别鸟类有55种，包括国家Ⅰ级重点保护野生动物11种（四川雉鹑、绿尾虹雉、黑颈长尾雉、黑鹳等），国家Ⅱ级重点保护野生动物44种（淡腹雪鸡、白马鸡、血雉、红腹角雉、勺鸡、白腹锦鸡等）。

图7－34　淡腹雪鸡（肖林摄）

白马雪山共记录有哺乳动物103种，隶属于9目25科71属，国家重点保护野生动物32种，其中国家Ⅰ级重点保护动物有11种（滇金丝猴、熊猴、云豹、金钱豹、雪豹、林麝和高山麝等），国家Ⅱ级重点保护动物21种（小熊猫、中华鬣羚、黑熊、猕猴、水鹿、岩羊、中华斑羚等）。

图7－35　金钱豹（红外相机拍摄）

白马雪山保护区立体气候和高原高山气候特征明显，气候寒冷且空气稀薄。高山亚高山的特殊地理环境孕育了丰富的森林资源，特殊的立体气候条件让自然保护区拥有7个植被型、11个植被亚带和37个群系的垂直带谱完整的森林谱系。茂密的山地森林环境成为野生动物的最佳生活场所，成为哺乳动物、鸟类等野生动物生存和繁衍的天堂。

近十年来，白马雪山保护区应用红外相机技术开展野生动物监测工作，通过在不同的海拔梯度、生境类型中安放200多台红外相机，记录了大量的野生动物活动信息。据野外调研观察数据统计，目前生活在保护区的已知野生哺乳类动物有9目24科69属98种[12]，共监测到兽类11科21属22种，雉类8属8种。其中有国家Ⅰ级重点保护动物7种，Ⅱ级重点保护动物15种；列入《世界自然保护联盟濒危物种红色名录》（IUCN）的有20种；列入《濒危野生动植物种国际贸易公约》（CITES）的有17种。1983年白马雪山保护区成立初期，有滇金丝猴1200只。根据2021年公布的由云南省林业和草原局组织的滇金丝猴全境动态监测项目，全中国滇金丝猴共有23个种群，种群数量在3360—4330只之间，白马雪山国家级自然保护区及周边共有14个滇金丝猴种群，2240—2910只，个体数量占中国滇金丝猴数量的73%。其中施坝—新乐种群360—480只，各么茸种群75—100只，归龙种群75—100只，粗卡通种群100—150只，吾牙普牙300—450只，响古箐种群430—480只，格化箐种群300—350只，史夸底—牙洒种群100—120只，安一种群30—40只，石门关种群150—200只，老楼房种群40—50只，永安种群30—40只（区外），米腰种群150—200只（区外），巴美种群100—150只（区外）。监测结果显示了白马雪山国家级自然保护区拥有丰富的野生动物资源及38年的保护成效[11]。

图7-36 **黄杯杜鹃**（和鑫明摄）

图7-37 **滇金丝猴**（和鑫明摄）

图 7－38 滇藏木兰（和鑫明摄）

在生态文明建设的新时代和新形势下，为了进一步深入贯彻落实习近平生态文明思想和新时代党的治藏方略，保护区紧紧围绕省委、省政府迪庆现场办公会和迪庆州第九次党代会精神，践行“绿水青山就是金山银山、冰天雪地也是金山银山”的要求，开启了保护区规范化、科学化、法治化的标准化建设工作，颁布了《云南省迪庆藏族自治州白马雪山国家级自然保护区管理条例》和《云南省迪庆藏族自治州白马雪山国家级自然保护区管理条例实施细则》，因地制宜地推进自然资源保护，走出了一条资源有效保护、社区平安和谐的发展路子。

白马雪山保护区成立初期至 20 世纪 90 年代末，严格按照自然保护区条例实行最严格的管理和保护。保护区区内和周边社区共涉及 13 个乡（镇）48 个行政村，社区总人口 7.3 万人，占德钦、维西两县总人口的 36%。在他们的经济收入中有 80% 以上为采集林下产品，对保护区资源依赖程度非常大。世代居住在白马雪山的群众日常生计来源严重依赖森林资源，但严格的条例严重影响了周边社区群众的生计，对生态保护理念的缺乏及生活的压力，使得保护区域内群众对保护工作难以接受和理解，导致自然保护管理工作陷入瓶颈。面对管护工作的被动局面，保护区开始探索管护工作与周边群众生产生活发展的共赢模式，在群众意识与生态保护矛盾最为突出的局部区域开展社区共管模式。通过 10 多个卓有成效的滇金丝猴综合保护项目和滇金丝猴社区保护地等社区共管项目，有效推进了保护区生物多样性保护、促进周边群众经济发展，并成为全国乃至世界社区共管促进保护区建设的一个成功范例。在此基础上，白马雪山保护区逐渐探索并开创出了一条社区共管自然保护区的人与自然和谐共生的可持续发展模式，在资源保护上实现了由社区居民、保护区对立到社区居民、保护区共建的历史性转变。

图7－39　岩羊（肖林摄）

在社区共管工作中，保护区还先后与国内外科研院所开展合作，把国际国内前沿的环境保护理念引入保护区和谐建设中来，并积极争取合作伙伴的资金和技术支持，从解决保护区老百姓切身利益出发实施能源替代、特色养殖产业、中药材种植、环境卫生整治等项目，教育引导老百姓投身环境保护，分享保护区建设的红利，激发了他们的参与积极性，有效维护了民族团结稳定，让少数民族地区实现了经济、生态、社会效益，也让保护区发展进入良性循环。

图7－40　滇金丝猴一家（肖林摄）

2006年，保护区依法成立了滇金丝猴研究中心和塔城滇金丝猴展示中心，成立生态研究所、生态旅游管理站、曲宗贡生态定位监测站等科研站所，让学术交流、观点展示、科学研究有了平台，凝聚起社会各方力量共同为保护区科学、和谐发展献计出力。展示区建成后，滇金丝猴走进了公众的视野，提升了滇金丝猴的知名度，激发了全社会保护滇金丝猴的积极性，常年有中国科学院动物研究所、西南林业大学、大理大学、华西师范大学等科研院所的各类研究生进行科学研究，科研产出有效应用到保护区管护工作中，如滇金丝猴食物结构研究拓宽了食谱构成、动物疾病预防为救护动物提供了科学依据、亲缘关系研究探明了滇金丝猴种群分布等，以科研产出支撑的旅游走出了科学发展的路子。与大理大学东喜马拉雅研究院合作，开展“云南省中国三江并流区域生物多样性协同创新中心”建设项目，建立了针对白马雪山国家级自然保护区生物多样性监测的野外基地，开展红外相机布设与生物多样性监测；在保护区北部叶日河、玉杰河和萨用河流域，对河流底栖动物、土壤微生物和土壤线虫等不同类群的生物进行现场调查，采集河水、土壤等样品进行分析，完善了保护区河流生物多样性数据。实施了白马鸡持续管理、投食和其他雉类冬季补充食物项目，对放归野外的白马鸡补充食物的同时进行不间断的跟踪监测，白马鸡种群完全适应了野外的生存环境，数量明显增多。开展了高山岩羊持续人工投盐招引项目，在曲宗贡固定的岩羊投盐点，每月一次进行人工投盐并布控红外线相机，对岩羊种群进行长期监测，掌握了岩羊种群数量动态。“民族传统文化与自然保护关系研究”“曲宗贡松茸资源监测”“黑麝野外种群数量、分布及栖息地调查”等项目顺利完成。在科技项目的支持下，保护区编制了《白马雪山自然保护区民族传统文化与自然保护关系研究报告》《滇金丝猴保护繁育基地建设项目建议书》《白马雪山（曲宗贡）生态文化教育基地项目建议书》等，出版了《白马雪山社区共管探索与实践》等保护区生态文明建设的成果。

图7－41　白马鸡（格玛江初摄）

图7－42　松茸（提布摄）

白马雪山保护区是"第三纪古热带生物区系的避难所"，更是"北温带植物体系的摇篮"，被誉为"世界花园之母"，其生物多样性具有国际保护意义。这里是滇文化区向藏文化区过渡的黄金文化走廊带，动态表现出了独具特色的文化自然动态复合景观，是地球留给人类的一片重要宝地。2009 年，保护区在维西塔城镇建成具有国际水准的科研科普教育和滇金丝猴展示中心，开启了维西县旅游的第一张门票，周边的居民既是服务者，又是监督者，与保护区共同管理自己的家园。以生态保护为前提的生态旅游开发，让周边群众在保护滇金丝猴的同时，参与到生态旅游服务中，获取了一定的收益，使他们的生活有了保障。自此老猎人成了护猴先锋，有效拉长了当地群众的产业链，保护区的资源得到了有效保护，社区和谐稳定，群众参与保护积极性高，对外交流合作顺利推进，影响力和知名度不断提升。此外，为了进一步普及生物多样性保护等生态文化理念，保护区成立了曲宗贡生态定位监测站负责曲宗贡片区的生态科研、资源管护、生物监测、科普教育工作。由于曲宗贡生物种类多、自然环境优美，每年都有各大专院校学生和工作者到曲宗贡开展社会实践和科考活动，曲宗贡成为世人向往的人间圣地。

图 7 – 43　海绵杜鹃（和鑫明摄）

综上所述，云南省生态文明建设在县域空间规划布局、生态文明思想和生物多样性保护宣传和国家自然保护区设立与运行等方面开展了卓有成效的建设，各个生态文明建设区域的推进实践，在某种程度上呈现为一个思想引领、党政主推和制度创新驱动的立体性整体性过程。就此而言，云南生态文明建设是全面学习和践行习近平生态文明思想与贯彻落实党的十八大、十九大报告所作出的"大力推进生态文明建设、努力建设美丽中国"系列重要战略部署的典型性省域案例[13]。

参考文献：

[1] 周琼．云南省绿色发展新理念确立初探[J]．昆明学院学报，2018，40（02）：21－33.

[2] 王予波．2022年政府工作报告——2022年1月20日在云南省第十三届人民代表大会第五次会议上[N]．云南日报，2022－01－25.

[3] 国家统计局．2021年度国民经济和社会发展统计公报[EB/OL]．（2022－02－28）．http：//www. stats. gov. cn/tjsj/tjgb/ndtjgb/.

[4] 张军莉，曾广权，夏晓纯．云南建设生态省的对策建议研究[J]．环境科学导刊，2008（05）：57－60.

[5] 周琼．云南生态文明建设的历史回顾与经验启示[J]．昆明理工大学学报（社会科学版），2016，16（04）：22－36.

[6] 齐中熙．韩正在云南调研时强调：坚持生态优先绿色发展 争当生态文明建设排头兵[J]．中国集体经济，2021（33）：7.

[7] 王永刚，胡晓蓉．践行生态文明 云南省争当全国生态文明建设排头兵[M]//云南生态年鉴．芒市：德宏民族出版社，2018：107－108.

[8] 瞿姝宁，宋金艳．扛责任补短板抓落实 争当生态文明建设排头兵[N]．云南日报，2021－09－29（002）.

[9] 云南省生态文明建设排头兵工作领导小组办公室．云南省推动成为生态文明建设排头兵2022年20条措施任务清单[EB/OL]．（2022－03－22）．云南网.

[10] 自建丽，阎素素．2021年全国"大学生在行动"在昆启动 共倡保护生物多样性[EB/OL]．（2021－05－24）．云南网.

[11] 国务院办公厅关于调整扩大白马雪山国家级自然保护区有关问题的通知[R]．中华人民共和国国务院公报，2000（20）：27.

[12] 代万，李春叶，周顺福，等．近20年白马雪山国家级自然保护区研究综述[J]．林业调查规划，2017，42（06）：96－103.

[13] 郇庆治．充分发挥党和政府引领作用 大力推进我国生态文明建设[J]．绿色中国，2018（9）：12.

本章知识拓展与讨论思考

知识拓展：

1. 如何做好环评？摸清生物多样性家底，遵循“生态修复四原则”（上）

2. 如何做好环评？摸清生物多样性家底，遵循“生态修复四原则”（中）

3. 如何做好环评？摸清生物多样性家底，遵循“生态修复四原则”（下）

4. 地球之肾与大自然精灵的故事

5. 盲人说象与森林康养

6. 河道整治工程中保护生物多样性——崖沙燕的故事

7. 丽江师专小分队——山间植物调查

讨论思考：

1. 如何从生态文明建设典型案例中理解“两山”理论的实践意义？
2. 如何因地制宜地开展“生物多样性保护——大学生在行动”？
3. 如何看待我国生态文明建设实践对于生产力转型发展的意义？
4. 试从国家和省级层面来论述生态文明建设对于经济发展的贡献性。